应急队伍教育培训质量手册

中

国网宁夏电力有限公司 组编

贺 文 主编

中国电力出版社

CHINA ELECTRIC POWER PRESS

图书在版编目（CIP）数据

应急队伍教育培训质量手册：全 3 册 / 国网宁夏电力有限公司组编；贺文主编. —北京：中国电力出版社，2023.11
ISBN 978-7-5198-7982-2

Ⅰ．①应…　Ⅱ．①国…②贺…　Ⅲ．①电力工业–突发事件–安全管理–中国–手册
Ⅳ．①TM08-62

中国国家版本馆 CIP 数据核字（2023）第 129299 号

出版发行：中国电力出版社
地　　址：北京市东城区北京站西街 19 号（邮政编码 100005）
网　　址：http://www.cepp.sgcc.com.cn
责任编辑：雍志娟
责任校对：黄　蓓　常燕昆
装帧设计：郝晓燕
责任印制：石　雷

印　　刷：三河市万龙印装有限公司
版　　次：2023 年 11 月第一版
印　　次：2023 年 11 月北京第一次印刷
开　　本：710 毫米×1000 毫米　16 开本
印　　张：25
字　　数：297 千字
印　　数：0001—1000 册
定　　价：120.00 元（全 3 册）

编 写 组

主　　编　贺　文

副 主 编　何建剑　杨熠鑫　惠　亮　姚宗溥

编写人员　杨　宁　汪　毅　蒋惠兵　李　翔　张　扬

　　　　　何鹏飞　康晓锋　姜蓓蓓　熊　辉　杨长安

　　　　　王益坤　吕　鑫　张　雷　权婧琦　赵柏涛

　　　　　李芳敏　扈　毅　崔　波　张　宁　安文福

　　　　　王　宏　金玉林　刘世鹏　扈　斐　李　敏

前　言

　　以中国式现代化推进应急管理体系和能力建设，既是一项紧迫任务，又是一项长期任务。长期以来，以习近平同志为核心的党中央对应急管理工作高度重视，国家电网公司始终高度重视应急管理工作，认真贯彻落实党中央、国务院决策部署，全面落实各级安全责任，电网领域安全生产形势稳中向好。国家电网公司与应急管理部密切合作，深入推进电力大数据与应急管理融合应用，抓紧抓实抓好各项工作举措，支撑服务应急管理工作高质量发展。多年来，国网宁夏电力有限公司一直强调"要强化应急能力建设，组织开展应急技能竞赛，常态化开展专项实战演练，提升应急队伍能力，筑牢安全生产最后一道防线"。

　　推进实施电力应急队伍职业化建设，正确定位队伍在电力应急抢修、应急救援、应急教育和日常生产中的角色，以队伍管理、工作规程、评估管理三个方面为重点和突破点，构建应急队伍教育培训质量机制，实现应急队伍教育培训效益的最大化，促进队伍建设长远发展，为应急队伍集中培训和个人自主学习提供有力支撑，助力公司应急救援基干队伍建设的可持续发展，提高公司电力应急精准处置与救援能力，降低应急事件造成的影响和损失，对保障电网安全和可靠供电起到了重要作用。

　　应急队伍教育培训质量手册在编制过程中，参考了国内大量应急管理培训成果，得到了国内行业有关专家及公司领导的精心指导，在此一并致谢！

鉴于编者学识水平有限，手册中不足之处在所难免。在此恳请广大读者海涵，并赐教指正。

编　者

2023 年 10 月

目 录

前言

中　册

下　　册

第6章

事故调查处理

6.1 事故种类及调查组织

特别重大事故由国务院或者国务院授权的部门组织事故调查组进行调查。

重大事故由国务院电力监管机构组织事故调查组进行调查。

较大事故、一般事故由事故发生地电力监管机构组织事故调查组进行调查。国务院电力监管机构认为必要的，可以组织事故调查组对较大事故进行调查。

未造成供电用户停电的一般事故，事故发生地电力监管机构也可以委托事故发生单位调查处理。

据事故的具体情况，事故调查组由电力监管机构、有关地方人民政府、安全生产监督管理部门、负有安全生产监督管理职责的有关部门派人组成；有关人员涉嫌失职、渎职或者涉嫌犯罪的，应当邀请监察机关、公安机关、人民检察院派人参加。

根据事故调查工作的需要，事故调查组可以聘请有关专家协助调查。

事故调查组组长由组织事故调查组的机关指定。

6.2 事故调查报告提交

故调查组应当按照国家有关规定开展事故调查，并在下列期限内向组织事故调查组的机关提交事故调查报告：

（1）特别重大事故和重大事故的调查期限为 60 日；特殊情况下，经组织事故调查组的机关批准，可以适当延长，但延长的期限不得超过 60 日。

（2）较大事故和一般事故的调查期限为45日；特殊情况下，经组织事故调查组的机关批准，可以适当延长，但延长的期限不得超过45日。

事故调查期限自事故发生之日起计算。

6.3　调查报告的内容

（1）事故发生单位概况和事故发生经过；

（2）事故造成的直接经济损失和事故对电网运行、电力（热力）正常供应的影响情况；

（3）事故发生的原因和事故性质；

（4）事故应急处置和恢复电力生产、电网运行的情况；

（5）事故责任认定和对事故责任单位、责任人的处理建议；

（6）事故防范和整改措施。

事故调查报告应当附具有关证据材料和技术分析报告。事故调查组成员应当在事故调查报告上签字。

调查报告报经组织事故调查组的机关同意，事故调查工作即告结束；委托事故发生单位调查的一般事故，事故调查报告应当报经事故发生地电力监管机构同意。

有关机关应当依法对事故发生单位和有关人员进行处罚，对负有事故责任的国家工作人员给予处分。

事故发生单位应当对本单位负有事故责任的人员进行处理。

发生单位和有关人员应当认真吸取事故教训，落实事故防范和整改措施，防止事故再次发生。

电力监管机构、安全生产监督管理部门和负有安全生产监督管理职责的有关部门应当对事故发生单位和有关人员落实事故防范和整改措施的情况进行监督检查。

第五章 法律责任

第二十七条 发生事故的电力企业主要负责人有下列行为之一的，由电力监管机构处其上一年年收入40%至80%的罚款；属于国家工作人员的，并依法给予处分；构成犯罪的，依法追究刑事责任：

（一）不立即组织事故抢救的；

（二）迟报或者漏报事故的；

（三）在事故调查处理期间擅离职守的。

第二十八条 发生事故的电力企业及其有关人员有下列行为之一的，由电力监管机构对电力企业处100万元以上500万元以下的罚款；对主要负责人、直接负责的主管人员和其他直接责任人员处其上一年年收入60%至100%的罚款，属于国家工作人员的，并依法给予处分；构成违反治安管理行为的，由公安机关依法给予治安管理处罚；构成犯罪的，依法追究刑事责任：

（一）谎报或者瞒报事故的；

（二）伪造或者故意破坏事故现场的；

（三）转移、隐匿资金、财产，或者销毁有关证据、资料的；

（四）拒绝接受调查或者拒绝提供有关情况和资料的；

（五）在事故调查中作伪证或者指使他人作伪证的；

（六）事故发生后逃匿的。

第二十九条 电力企业对事故发生负有责任的，由电力监管机构依照下列规定处以罚款：

（一）发生一般事故的，处10万元以上20万元以下的罚款；

（二）发生较大事故的，处20万元以上50万元以下的罚款；

（三）发生重大事故的，处50万元以上200万元以下的罚款；

（四）发生特别重大事故的，处 200 万元以上 500 万元以下的罚款。

第三十条 电力企业主要负责人未依法履行安全生产管理职责，导致事故发生的，由电力监管机构依照下列规定处以罚款；属于国家工作人员的，并依法给予处分；构成犯罪的，依法追究刑事责任：

（一）发生一般事故的，处其上一年年收入 30%的罚款；

（二）发生较大事故的，处其上一年年收入 40%的罚款；

（三）发生重大事故的，处其上一年年收入 60%的罚款；

（四）发生特别重大事故的，处其上一年年收入 80%的罚款。

第三十一条 电力企业主要负责人依照本条例第二十七条、第二十八条、第三十条规定受到撤职处分或者刑事处罚的，自受处分之日或者刑罚执行完毕之日起 5 年内，不得担任任何生产经营单位主要负责人。

第三十二条 电力监管机构、有关地方人民政府以及其他负有安全生产监督管理职责的有关部门有下列行为之一的，对直接负责的主管人员和其他直接责任人员依法给予处分；直接负责的主管人员和其他直接责任人员构成犯罪的，依法追究刑事责任：

（一）不立即组织事故抢救的；

（二）迟报、漏报或者瞒报、谎报事故的；

（三）阻碍、干涉事故调查工作的；

（四）在事故调查中作伪证或者指使他人作伪证的。

第三十三条 参与事故调查的人员在事故调查中有下列行为之一的，依法给予处分；构成犯罪的，依法追究刑事责任：

（一）对事故调查工作不负责任，致使事故调查工作有重大疏漏的；

（二）包庇、袒护负有事故责任的人员或者借机打击报复的。

第六章　附　则

第三十四条　发生本条例规定的事故，同时造成人员伤亡或者直接经济损失，依照本条例确定的事故等级与依照《生产安全事故报告和调查处理条例》确定的事故等级不相同的，按事故等级较高者确定事故等级，依照本条例的规定调查处理；事故造成人员伤亡，构成《生产安全事故报告和调查处理条例》规定的重大事故或者特别重大事故的，依照《生产安全事故报告和调查处理条例》的规定调查处理。

电力生产或者电网运行过程中发生发电设备或者输变电设备损坏，造成直接经济损失的事故，未影响电力系统安全稳定运行以及电力正常供应的，由电力监管机构依照《生产安全事故报告和调查处理条例》的规定组成事故调查组对重大事故、较大事故、一般事故进行调查处理。

第三十五条　本条例对事故报告和调查处理未作规定的，适用《生产安全事故报告和调查处理条例》的规定。

第三十六条　核电厂核事故的应急处置和调查处理，依照《核电厂核事故应急管理条例》的规定执行。

第三十七条　本条例自 2011 年 9 月 1 日起施行。

附件：制度文件

生产安全事故应急条例

中华人民共和国国务院令第 708 号

《生产安全事故应急条例》已经 2018 年 12 月 5 日国务院第 33 次常务会议通过，现予公布，自 2019 年 4 月 1 日起施行。

总理 李克强

2019 年 2 月 17 日

第一章 总 则

第一条 为了规范生产安全事故应急工作，保障人民群众生命和财产安全，根据《中华人民共和国安全生产法》和《中华人民共和国突发事件应对法》，制定本条例。

第二条 本条例适用于生产安全事故应急工作；法律、行政法规另有规定的，适用其规定。

第三条 国务院统一领导全国的生产安全事故应急工作，县级以上地方人民政府统一领导本行政区域内的生产安全事故应急工作。生产安全事故应急工作涉及两个以上行政区域的，由有关行政区域共同的上一级人民政府负责，或者由各有关行政区域的上一级人民政府共同负责。

县级以上人民政府应急管理部门和其他对有关行业、领域的安全生产工作实施监督管理的部门（以下统称负有安全生产监督管理职责的部门）在各自职责范围内，做好有关行业、领域的生产安全事故应急工作。

县级以上人民政府应急管理部门指导、协调本级人民政府其他负有安全生产监督管理职责的部门和下级人民政府的生产安全事故应急工作。

乡、镇人民政府以及街道办事处等地方人民政府派出机关应当协助上级人民政府有关部门依法履行生产安全事故应急工作职责。

第四条 生产经营单位应当加强生产安全事故应急工作，建立、健全生产安全事故应急工作责任制，其主要负责人对本单位的生产安全事故应急工作全面负责。

第二章 应 急 准 备

第五条 县级以上人民政府及其负有安全生产监督管理职责的部门和乡、镇人民政府以及街道办事处等地方人民政府派出机关，应当针对可能发生的生产安全事故的特点和危害，进行风险辨识和评估，制定相应的生产安全事故应急救援预案，并依法向社会公布。

生产经营单位应当针对本单位可能发生的生产安全事故的特点和危害，进行风险辨识和评估，制定相应的生产安全事故应急救援预案，并向本单位从业人员公布。

第六条 生产安全事故应急救援预案应当符合有关法律、法规、规章和标准的规定，具有科学性、针对性和可操作性，明确规定应急组织体系、职责分工以及应急救援程序和措施。

有下列情形之一的，生产安全事故应急救援预案制定单位应当及时修订相关预案：

（一）制定预案所依据的法律、法规、规章、标准发生重大变化；

（二）应急指挥机构及其职责发生调整；

（三）安全生产面临的风险发生重大变化；

（四）重要应急资源发生重大变化；

（五）在预案演练或者应急救援中发现需要修订预案的重大问题；

（六）其他应当修订的情形。

第七条 县级以上人民政府负有安全生产监督管理职责的部门应当将其制定的生产安全事故应急救援预案报送本级人民政府备案；易燃易爆物品、危险化学品等危险物品的生产、经营、储存、运输单位，矿山、金属冶炼、城市轨道交通运营、建筑施工单位，以及宾馆、商场、娱乐场所、旅游景区等人员密集场所经营单位，应当将其制定的生产安全事故应急救援预案按照国家有关规定报送县级以上人民政府负有安全生产监督管理职责的部门备案，并依法向社会公布。

第八条 县级以上地方人民政府以及县级以上人民政府负有安全生产监督管理职责的部门，乡、镇人民政府以及街道办事处等地方人民政府派出机关，应当至少每 2 年组织 1 次生产安全事故应急救援预案演练。

易燃易爆物品、危险化学品等危险物品的生产、经营、储存、运输单位，矿山、金属冶炼、城市轨道交通运营、建筑施工单位，以及宾馆、商场、娱乐场所、旅游景区等人员密集场所经营单位，应当至少每半年组织 1 次生产安全事故应急救援预案演练，并将演练情况报送所在地县级以上地方人民政府负有安全生产监督管理职责的部门。

县级以上地方人民政府负有安全生产监督管理职责的部门应当对本行政区域内前款规定的重点生产经营单位的生产安全事故应急救援预案演练进行抽查；发现演练不符合要求的，应当责令限期改正。

第九条 县级以上人民政府应当加强对生产安全事故应急救援队伍建设的统一规划、组织和指导。

县级以上人民政府负有安全生产监督管理职责的部门根据生产安全事故应急工作的实际需要，在重点行业、领域单独建立或者依托有条件的生产经营单位、社会组织共同建立应急救援队伍。

国家鼓励和支持生产经营单位和其他社会力量建立提供社会化应急救援服务的应急救援队伍。

第十条 易燃易爆物品、危险化学品等危险物品的生产、经营、储存、运输单位，矿山、金属冶炼、城市轨道交通运营、建筑施工单位，以及宾馆、商场、娱乐场所、旅游景区等人员密集场所经营单位，应当建立应急救援队伍；其中，小型企业或者微型企业等规模较小的生产经营单位，可以不建立应急救援队伍，但应当指定兼职的应急救援人员，并且可以与邻近的应急救援队伍签订应急救援协议。

工业园区、开发区等产业聚集区域内的生产经营单位，可以联合建立应急救援队伍。

第十一条 应急救援队伍的应急救援人员应当具备必要的专业知识、技能、身体素质和心理素质。

应急救援队伍建立单位或者兼职应急救援人员所在单位应当按照国家有关规定对应急救援人员进行培训；应急救援人员经培训合格后，方可参加应急救援工作。

应急救援队伍应当配备必要的应急救援装备和物资，并定期组织训练。

第十二条 生产经营单位应当及时将本单位应急救援队伍建立情况按照国家有关规定报送县级以上人民政府负有安全生产监督管

理职责的部门，并依法向社会公布。

县级以上人民政府负有安全生产监督管理职责的部门应当定期将本行业、本领域的应急救援队伍建立情况报送本级人民政府，并依法向社会公布。

第十三条　县级以上地方人民政府应当根据本行政区域内可能发生的生产安全事故的特点和危害，储备必要的应急救援装备和物资，并及时更新和补充。

易燃易爆物品、危险化学品等危险物品的生产、经营、储存、运输单位，矿山、金属冶炼、城市轨道交通运营、建筑施工单位，以及宾馆、商场、娱乐场所、旅游景区等人员密集场所经营单位，应当根据本单位可能发生的生产安全事故的特点和危害，配备必要的灭火、排水、通风以及危险物品稀释、掩埋、收集等应急救援器材、设备和物资，并进行经常性维护、保养，保证正常运转。

第十四条　下列单位应当建立应急值班制度，配备应急值班人员：

（一）县级以上人民政府及其负有安全生产监督管理职责的部门；

（二）危险物品的生产、经营、储存、运输单位以及矿山、金属冶炼、城市轨道交通运营、建筑施工单位；

（三）应急救援队伍。

规模较大、危险性较高的易燃易爆物品、危险化学品等危险物品的生产、经营、储存、运输单位应当成立应急处置技术组，实行24小时应急值班。

第十五条　生产经营单位应当对从业人员进行应急教育和培训，保证从业人员具备必要的应急知识，掌握风险防范技能和事故应急措施。

第十六条 国务院负有安全生产监督管理职责的部门应当按照国家有关规定建立生产安全事故应急救援信息系统，并采取有效措施，实现数据互联互通、信息共享。

生产经营单位可以通过生产安全事故应急救援信息系统办理生产安全事故应急救援预案备案手续，报送应急救援预案演练情况和应急救援队伍建设情况；但依法需要保密的除外。

第三章 应 急 救 援

第十七条 发生生产安全事故后，生产经营单位应当立即启动生产安全事故应急救援预案，采取下列一项或者多项应急救援措施，并按照国家有关规定报告事故情况：

（一）迅速控制危险源，组织抢救遇险人员；

（二）根据事故危害程度，组织现场人员撤离或者采取可能的应急措施后撤离；

（三）及时通知可能受到事故影响的单位和人员；

（四）采取必要措施，防止事故危害扩大和次生、衍生灾害发生；

（五）根据需要请求邻近的应急救援队伍参加救援，并向参加救援的应急救援队伍提供相关技术资料、信息和处置方法；

（六）维护事故现场秩序，保护事故现场和相关证据；

（七）法律、法规规定的其他应急救援措施。

第十八条 有关地方人民政府及其部门接到生产安全事故报告后，应当按照国家有关规定上报事故情况，启动相应的生产安全事故应急救援预案，并按照应急救援预案的规定采取下列一项或者多项应急救援措施：

（一）组织抢救遇险人员，救治受伤人员，研判事故发展趋势以及可能造成的危害；

（二）通知可能受到事故影响的单位和人员，隔离事故现场，划定警戒区域，疏散受到威胁的人员，实施交通管制；

（三）采取必要措施，防止事故危害扩大和次生、衍生灾害发生，避免或者减少事故对环境造成的危害；

（四）依法发布调用和征用应急资源的决定；

（五）依法向应急救援队伍下达救援命令；

（六）维护事故现场秩序，组织安抚遇险人员和遇险遇难人员亲属；

（七）依法发布有关事故情况和应急救援工作的信息；

（八）法律、法规规定的其他应急救援措施。

有关地方人民政府不能有效控制生产安全事故的，应当及时向上级人民政府报告。上级人民政府应当及时采取措施，统一指挥应急救援。

第十九条 应急救援队伍接到有关人民政府及其部门的救援命令或者签有应急救援协议的生产经营单位的救援请求后，应当立即参加生产安全事故应急救援。

应急救援队伍根据救援命令参加生产安全事故应急救援所耗费用，由事故责任单位承担；事故责任单位无力承担的，由有关人民政府协调解决。

第二十条 发生生产安全事故后，有关人民政府认为有必要的，可以设立由本级人民政府及其有关部门负责人、应急救援专家、应急救援队伍负责人、事故发生单位负责人等人员组成的应急救援现场指挥部，并指定现场指挥部总指挥。

第二十一条 现场指挥部实行总指挥负责制，按照本级人民政府的授权组织制定并实施生产安全事故现场应急救援方案，协调、指挥有关单位和个人参加现场应急救援。

参加生产安全事故现场应急救援的单位和个人应当服从现场指挥部的统一指挥。

第二十二条 在生产安全事故应急救援过程中，发现可能直接危及应急救援人员生命安全的紧急情况时，现场指挥部或者统一指挥应急救援的人民政府应当立即采取相应措施消除隐患，降低或者化解风险，必要时可以暂时撤离应急救援人员。

第二十三条 生产安全事故发生地人民政府应当为应急救援人员提供必需的后勤保障，并组织通信、交通运输、医疗卫生、气象、水文、地质、电力、供水等单位协助应急救援。

第二十四条 现场指挥部或者统一指挥生产安全事故应急救援的人民政府及其有关部门应当完整、准确地记录应急救援的重要事项，妥善保存相关原始资料和证据。

第二十五条 生产安全事故的威胁和危害得到控制或者消除后，有关人民政府应当决定停止执行依照本条例和有关法律、法规采取的全部或者部分应急救援措施。

第二十六条 有关人民政府及其部门根据生产安全事故应急救援需要依法调用和征用的财产，在使用完毕或者应急救援结束后，应当及时归还。财产被调用、征用或者调用、征用后毁损、灭失的，有关人民政府及其部门应当按照国家有关规定给予补偿。

第二十七条 按照国家有关规定成立的生产安全事故调查组应当对应急救援工作进行评估，并在事故调查报告中作出评估结论。

第二十八条 县级以上地方人民政府应当按照国家有关规定，对在生产安全事故应急救援中伤亡的人员及时给予救治和抚恤；符合烈士评定条件的，按照国家有关规定评定为烈士。

第四章　法　律　责　任

第二十九条　地方各级人民政府和街道办事处等地方人民政府派出机关以及县级以上人民政府有关部门违反本条例规定的，由其上级行政机关责令改正；情节严重的，对直接负责的主管人员和其他直接责任人员依法给予处分。

第三十条　生产经营单位未制定生产安全事故应急救援预案、未定期组织应急救援预案演练、未对从业人员进行应急教育和培训，生产经营单位的主要负责人在本单位发生生产安全事故时不立即组织抢救的，由县级以上人民政府负有安全生产监督管理职责的部门依照《中华人民共和国安全生产法》有关规定追究法律责任。

第三十一条　生产经营单位未对应急救援器材、设备和物资进行经常性维护、保养，导致发生严重生产安全事故或者生产安全事故危害扩大，或者在本单位发生生产安全事故后未立即采取相应的应急救援措施，造成严重后果的，由县级以上人民政府负有安全生产监督管理职责的部门依照《中华人民共和国突发事件应对法》有关规定追究法律责任。

第三十二条　生产经营单位未将生产安全事故应急救援预案报送备案、未建立应急值班制度或者配备应急值班人员的，由县级以上人民政府负有安全生产监督管理职责的部门责令限期改正；逾期未改正的，处 3 万元以上 5 万元以下的罚款，对直接负责的主管人员和其他直接责任人员处 1 万元以上 2 万元以下的罚款。

第三十三条　违反本条例规定，构成违反治安管理行为的，由公安机关依法给予处罚；构成犯罪的，依法追究刑事责任。

第五章　附　　则

第三十四条　储存、使用易燃易爆物品、危险化学品等危险物品的科研机构、学校、医院等单位的安全事故应急工作，参照本条例有关规定执行。

第三十五条　本条例自 2019 年 4 月 1 日起施行。

生产安全事故报告和调查处理条例

中华人民共和国国务院令第 493 号

《生产安全事故报告和调查处理条例》已经 2007 年 3 月 28 日国务院第 172 次常务会议通过，现予公布，自 2007 年 6 月 1 日起施行。

总理　温家宝

二〇〇七年四月九日

第一章　总　　则

第一条　为了规范生产安全事故的报告和调查处理，落实生产安全事故责任追究制度，防止和减少生产安全事故，根据《中华人民共和国安全生产法》和有关法律，制定本条例。

第二条　生产经营活动中发生的造成人身伤亡或者直接经济损失的生产安全事故的报告和调查处理，适用本条例；环境污染事故、核设施事故、国防科研生产事故的报告和调查处理不适用本条例。

第三条　根据生产安全事故（以下简称事故）造成的人员伤亡或者直接经济损失，事故一般分为以下等级：

（一）特别重大事故，是指造成 30 人以上死亡，或者 100 人以上重伤（包括急性工业中毒，下同），或者 1 亿元以上直接经济损失的事故；

（二）重大事故，是指造成 10 人以上 30 人以下死亡，或者 50 人以上 100 人以下重伤，或者 5000 万元以上 1 亿元以下直接经济损失的事故；

（三）较大事故，是指造成 3 人以上 10 人以下死亡，或者 10 人以上 50 人以下重伤，或者 1000 万元以上 5000 万元以下直接经济损失的事故；

（四）一般事故，是指造成 3 人以下死亡，或者 10 人以下重伤，或者 1000 万元以下直接经济损失的事故。

国务院安全生产监督管理部门可以会同国务院有关部门，制定事故等级划分的补充性规定。

本条第一款所称的"以上"包括本数，所称的"以下"不包括本数。

第四条 事故报告应当及时、准确、完整，任何单位和个人对事故不得迟报、漏报、谎报或者瞒报。

事故调查处理应当坚持实事求是、尊重科学的原则，及时、准确地查清事故经过、事故原因和事故损失，查明事故性质，认定事故责任，总结事故教训，提出整改措施，并对事故责任者依法追究责任。

第五条 县级以上人民政府应当依照本条例的规定，严格履行职责，及时、准确地完成事故调查处理工作。

事故发生地有关地方人民政府应当支持、配合上级人民政府或者有关部门的事故调查处理工作，并提供必要的便利条件。

参加事故调查处理的部门和单位应当互相配合，提高事故调查处理工作的效率。

第六条 工会依法参加事故调查处理，有权向有关部门提出处理意见。

第七条 任何单位和个人不得阻挠和干涉对事故的报告和依法调查处理。

第八条 对事故报告和调查处理中的违法行为，任何单位和个人有权向安全生产监督管理部门、监察机关或者其他有关部门举报，接到举报的部门应当依法及时处理。

<h2 align="center">第二章 事 故 报 告</h2>

第九条　事故发生后,事故现场有关人员应当立即向本单位负责人报告;单位负责人接到报告后,应当于 1 小时内向事故发生地县级以上人民政府安全生产监督管理部门和负有安全生产监督管理职责的有关部门报告。

情况紧急时,事故现场有关人员可以直接向事故发生地县级以上人民政府安全生产监督管理部门和负有安全生产监督管理职责的有关部门报告。

第十条　安全生产监督管理部门和负有安全生产监督管理职责的有关部门接到事故报告后,应当依照下列规定上报事故情况,并通知公安机关、劳动保障行政部门、工会和人民检察院:

(一)特别重大事故、重大事故逐级上报至国务院安全生产监督管理部门和负有安全生产监督管理职责的有关部门;

(二)较大事故逐级上报至省、自治区、直辖市人民政府安全生产监督管理部门和负有安全生产监督管理职责的有关部门;

(三)一般事故上报至设区的市级人民政府安全生产监督管理部门和负有安全生产监督管理职责的有关部门。

安全生产监督管理部门和负有安全生产监督管理职责的有关部门依照前款规定上报事故情况,应当同时报告本级人民政府。国务院安全生产监督管理部门和负有安全生产监督管理职责的有关部门以及省级人民政府接到发生特别重大事故、重大事故的报告后,应当立即报告国务院。

必要时,安全生产监督管理部门和负有安全生产监督管理职责的有关部门可以越级上报事故情况。

第十一条　安全生产监督管理部门和负有安全生产监督管理职责的有关部门逐级上报事故情况，每级上报的时间不得超过 2 小时。

第十二条　报告事故应当包括下列内容：

（一）事故发生单位概况；

（二）事故发生的时间、地点以及事故现场情况；

（三）事故的简要经过；

（四）事故已经造成或者可能造成的伤亡人数（包括下落不明的人数）和初步估计的直接经济损失；

（五）已经采取的措施；

（六）其他应当报告的情况。

第十三条　事故报告后出现新情况的，应当及时补报。

自事故发生之日起 30 日内，事故造成的伤亡人数发生变化的，应当及时补报。道路交通事故、火灾事故自发生之日起 7 日内，事故造成的伤亡人数发生变化的，应当及时补报。

第十四条　事故发生单位负责人接到事故报告后，应当立即启动事故相应应急预案，或者采取有效措施，组织抢救，防止事故扩大，减少人员伤亡和财产损失。

第十五条　事故发生地有关地方人民政府、安全生产监督管理部门和负有安全生产监督管理职责的有关部门接到事故报告后，其负责人应当立即赶赴事故现场，组织事故救援。

第十六条　事故发生后，有关单位和人员应当妥善保护事故现场以及相关证据，任何单位和个人不得破坏事故现场、毁灭相关证据。

因抢救人员、防止事故扩大以及疏通交通等原因，需要移动事故现场物件的，应当做出标志，绘制现场简图并做出书面记录，妥善保存现场重要痕迹、物证。

第十七条　事故发生地公安机关根据事故的情况，对涉嫌犯罪的，应当依法立案侦查，采取强制措施和侦查措施。犯罪嫌疑人逃匿的，公安机关应当迅速追捕归案。

第十八条　安全生产监督管理部门和负有安全生产监督管理职责的有关部门应当建立值班制度，并向社会公布值班电话，受理事故报告和举报。

第三章　事　故　调　查

第十九条　特别重大事故由国务院或者国务院授权有关部门组织事故调查组进行调查。

重大事故、较大事故、一般事故分别由事故发生地省级人民政府、设区的市级人民政府、县级人民政府负责调查。省级人民政府、设区的市级人民政府、县级人民政府可以直接组织事故调查组进行调查，也可以授权或者委托有关部门组织事故调查组进行调查。

未造成人员伤亡的一般事故，县级人民政府也可以委托事故发生单位组织事故调查组进行调查。

第二十条　上级人民政府认为必要时，可以调查由下级人民政府负责调查的事故。

自事故发生之日起 30 日内（道路交通事故、火灾事故自发生之日起 7 日内），因事故伤亡人数变化导致事故等级发生变化，依照本条例规定应当由上级人民政府负责调查的，上级人民政府可以另行组织事故调查组进行调查。

第二十一条　特别重大事故以下等级事故，事故发生地与事故发生单位不在同一个县级以上行政区域的，由事故发生地人民政府负责调查，事故发生单位所在地人民政府应当派人参加。

第二十二条　事故调查组的组成应当遵循精简、效能的原则。

根据事故的具体情况，事故调查组由有关人民政府、安全生产监督管理部门、负有安全生产监督管理职责的有关部门、监察机关、公安机关以及工会派人组成，并应当邀请人民检察院派人参加。

事故调查组可以聘请有关专家参与调查。

第二十三条　事故调查组成员应当具有事故调查所需要的知识和专长，并与所调查的事故没有直接利害关系。

第二十四条　事故调查组组长由负责事故调查的人民政府指定。事故调查组组长主持事故调查组的工作。

第二十五条　事故调查组履行下列职责：

（一）查明事故发生的经过、原因、人员伤亡情况及直接经济损失；

（二）认定事故的性质和事故责任；

（三）提出对事故责任者的处理建议；

（四）总结事故教训，提出防范和整改措施；

（五）提交事故调查报告。

第二十六条　事故调查组有权向有关单位和个人了解与事故有关的情况，并要求其提供相关文件、资料，有关单位和个人不得拒绝。

事故发生单位的负责人和有关人员在事故调查期间不得擅离职守，并应当随时接受事故调查组的询问，如实提供有关情况。

事故调查中发现涉嫌犯罪的，事故调查组应当及时将有关材料或者其复印件移交司法机关处理。

第二十七条　事故调查中需要进行技术鉴定的，事故调查组应当委托具有国家规定资质的单位进行技术鉴定。必要时，事故调查组可以直接组织专家进行技术鉴定。技术鉴定所需时间不计入事故调查期限。

第二十八条　事故调查组成员在事故调查工作中应当诚信公正、恪尽职守，遵守事故调查组的纪律，保守事故调查的秘密。

未经事故调查组组长允许，事故调查组成员不得擅自发布有关事故的信息。

第二十九条　事故调查组应当自事故发生之日起60日内提交事故调查报告；特殊情况下，经负责事故调查的人民政府批准，提交事故调查报告的期限可以适当延长，但延长的期限最长不超过60日。

第三十条　事故调查报告应当包括下列内容：

（一）事故发生单位概况；

（二）事故发生经过和事故救援情况；

（三）事故造成的人员伤亡和直接经济损失；

（四）事故发生的原因和事故性质；

（五）事故责任的认定以及对事故责任者的处理建议；

（六）事故防范和整改措施。

事故调查报告应当附具有关证据材料。事故调查组成员应当在事故调查报告上签名。

第三十一条　事故调查报告报送负责事故调查的人民政府后，事故调查工作即告结束。事故调查的有关资料应当归档保存。

第四章　事　故　处　理

第三十二条　重大事故、较大事故、一般事故，负责事故调查的人民政府应当自收到事故调查报告之日起15日内做出批复；特别重大事故，30日内做出批复，特殊情况下，批复时间可以适当延长，但延长的时间最长不超过30日。

有关机关应当按照人民政府的批复，依照法律、行政法规规定的权限和程序，对事故发生单位和有关人员进行行政处罚，对负有事故责任的国家工作人员进行处分。

事故发生单位应当按照负责事故调查的人民政府的批复，对本单位负有事故责任的人员进行处理。

负有事故责任的人员涉嫌犯罪的，依法追究刑事责任。

第三十三条　事故发生单位应当认真吸取事故教训，落实防范和整改措施，防止事故再次发生。防范和整改措施的落实情况应当接受工会和职工的监督。

安全生产监督管理部门和负有安全生产监督管理职责的有关部门应当对事故发生单位落实防范和整改措施的情况进行监督检查。

第三十四条　事故处理的情况由负责事故调查的人民政府或者其授权的有关部门、机构向社会公布，依法应当保密的除外。

第五章　法　律　责　任

第三十五条　事故发生单位主要负责人有下列行为之一的，处上一年年收入 40% 至 80% 的罚款；属于国家工作人员的，并依法给予处分；构成犯罪的，依法追究刑事责任：

（一）不立即组织事故抢救的；

（二）迟报或者漏报事故的；

（三）在事故调查处理期间擅离职守的。

第三十六条　事故发生单位及其有关人员有下列行为之一的，对事故发生单位处 100 万元以上 500 万元以下的罚款；对主要负责人、直接负责的主管人员和其他直接责任人员处上一年年收入 60% 至 100% 的罚款；属于国家工作人员的，并依法给予处分；构成违反治安管理行为的，由公安机关依法给予治安管理处罚；构成犯罪的，依法追究刑事责任：

（一）谎报或者瞒报事故的；

（二）伪造或者故意破坏事故现场的；

（三）转移、隐匿资金、财产，或者销毁有关证据、资料的；

（四）拒绝接受调查或者拒绝提供有关情况和资料的；

（五）在事故调查中作伪证或者指使他人作伪证的；

（六）事故发生后逃匿的。

第三十七条　事故发生单位对事故发生负有责任的，依照下列规定处以罚款：

（一）发生一般事故的，处 10 万元以上 20 万元以下的罚款；

（二）发生较大事故的，处 20 万元以上 50 万元以下的罚款；

（三）发生重大事故的，处 50 万元以上 200 万元以下的罚款；

（四）发生特别重大事故的，处 200 万元以上 500 万元以下的罚款。

第三十八条　事故发生单位主要负责人未依法履行安全生产管理职责，导致事故发生的，依照下列规定处以罚款；属于国家工作人员的，并依法给予处分；构成犯罪的，依法追究刑事责任：

（一）发生一般事故的，处上一年年收入 30%的罚款；

（二）发生较大事故的，处上一年年收入 40%的罚款；

（三）发生重大事故的，处上一年年收入 60%的罚款；

（四）发生特别重大事故的，处上一年年收入 80%的罚款。

第三十九条　有关地方人民政府、安全生产监督管理部门和负有安全生产监督管理职责的有关部门有下列行为之一的，对直接负责的主管人员和其他直接责任人员依法给予处分；构成犯罪的，依法追究刑事责任：

（一）不立即组织事故抢救的；

（二）迟报、漏报、谎报或者瞒报事故的；

（三）阻碍、干涉事故调查工作的；

（四）在事故调查中作伪证或者指使他人作伪证的。

第四十条 事故发生单位对事故发生负有责任的，由有关部门依法暂扣或者吊销其有关证照；对事故发生单位负有事故责任的有关人员，依法暂停或者撤销其与安全生产有关的执业资格、岗位证书；事故发生单位主要负责人受到刑事处罚或者撤职处分的，自刑罚执行完毕或者受处分之日起，5 年内不得担任任何生产经营单位的主要负责人。

为发生事故的单位提供虚假证明的中介机构，由有关部门依法暂扣或者吊销其有关证照及其相关人员的执业资格；构成犯罪的，依法追究刑事责任。

第四十一条 参与事故调查的人员在事故调查中有下列行为之一的，依法给予处分；构成犯罪的，依法追究刑事责任：

（一）对事故调查工作不负责任，致使事故调查工作有重大疏漏的；

（二）包庇、袒护负有事故责任的人员或者借机打击报复的。

第四十二条 违反本条例规定，有关地方人民政府或者有关部门故意拖延或者拒绝落实经批复的对事故责任人的处理意见的，由监察机关对有关责任人员依法给予处分。

第四十三条 本条例规定的罚款的行政处罚，由安全生产监督管理部门决定。

法律、行政法规对行政处罚的种类、幅度和决定机关另有规定的，依照其规定。

第六章 附 则

第四十四条 没有造成人员伤亡，但是社会影响恶劣的事故，国务院或者有关地方人民政府认为需要调查处理的，依照本条例的有关规定执行。

国家机关、事业单位、人民团体发生的事故的报告和调查处理，参照本条例的规定执行。

第四十五条 特别重大事故以下等级事故的报告和调查处理，有关法律、行政法规或者国务院另有规定的，依照其规定。

第四十六条 本条例自 2007 年 6 月 1 日起施行。国务院 1989 年 3 月 29 日公布的《特别重大事故调查程序暂行规定》和 1991 年 2 月 22 日公布的《企业职工伤亡事故报告和处理规定》同时废止。

电力安全事故应急处置和调查处理条例

中华人民共和国国务院令第 599 号《电力安全事故应急处置和调查处理条例》已经 2011 年 6 月 15 日国务院第 159 次常务会议通过，现予公布，自 2011 年 9 月 1 日起施行。

总理 温家宝

二〇一一年七月七日

第一章 总 则

第一条 为了加强电力安全事故的应急处置工作，规范电力安全事故的调查处理，控制、减轻和消除电力安全事故损害，制定本条例。

第二条 本条例所称电力安全事故，是指电力生产或者电网运行过程中发生的影响电力系统安全稳定运行或者影响电力正常供应的事故（包括热电厂发生的影响热力正常供应的事故）。

第三条 根据电力安全事故（以下简称事故）影响电力系统安全稳定运行或者影响电力（热力）正常供应的程度，事故分为特别重大事故、重大事故、较大事故和一般事故。事故等级划分标准由本条例附表列示。事故等级划分标准的部分项目需要调整的，由国务院电力监管机构提出方案，报国务院批准。

由独立的或者通过单一输电线路与外省连接的省级电网供电的省级人民政府所在地城市，以及由单一输电线路或者单一变电站供电的其他设区的市、县级市，其电网减供负荷或者造成供电用户停电的事故等级划分标准，由国务院电力监管机构另行制定，报国务院批准。

第四条　国务院电力监管机构应当加强电力安全监督管理，依法建立健全事故应急处置和调查处理的各项制度，组织或者参与事故的调查处理。

国务院电力监管机构、国务院能源主管部门和国务院其他有关部门、地方人民政府及有关部门按照国家规定的权限和程序，组织、协调、参与事故的应急处置工作。

第五条　电力企业、电力用户以及其他有关单位和个人，应当遵守电力安全管理规定，落实事故预防措施，防止和避免事故发生。

县级以上地方人民政府有关部门确定的重要电力用户，应当按照国务院电力监管机构的规定配置自备应急电源，并加强安全使用管理。

第六条　事故发生后，电力企业和其他有关单位应当按照规定及时、准确报告事故情况，开展应急处置工作，防止事故扩大，减轻事故损害。电力企业应当尽快恢复电力生产、电网运行和电力（热力）正常供应。

第七条　任何单位和个人不得阻挠和干涉对事故的报告、应急处置和依法调查处理。

第二章　事　故　报　告

第八条　事故发生后，事故现场有关人员应当立即向发电厂、变电站运行值班人员、电力调度机构值班人员或者本企业现场负责人报告。有关人员接到报告后，应当立即向上一级电力调度机构和本企业负责人报告。本企业负责人接到报告后，应当立即向国务院电力监管机构设在当地的派出机构（以下称事故发生地电力监管机构）、县级以上人民政府安全生产监督管理部门报告；热电厂事故影响热力正常供应的，还应当向供热管理部门报告；事故涉及水电厂

（站）大坝安全的，还应当同时向有管辖权的水行政主管部门或者流域管理机构报告。

电力企业及其有关人员不得迟报、漏报或者瞒报、谎报事故情况。

第九条 事故发生地电力监管机构接到事故报告后，应当立即核实有关情况，向国务院电力监管机构报告；事故造成供电用户停电的，应当同时通报事故发生地县级以上地方人民政府。

对特别重大事故、重大事故，国务院电力监管机构接到事故报告后应当立即报告国务院，并通报国务院安全生产监督管理部门、国务院能源主管部门等有关部门。

第十条 事故报告应当包括下列内容：

（一）事故发生的时间、地点（区域）以及事故发生单位；

（二）已知的电力设备、设施损坏情况，停运的发电（供热）机组数量、电网减供负荷或者发电厂减少出力的数值、停电（停热）范围；

（三）事故原因的初步判断；

（四）事故发生后采取的措施、电网运行方式、发电机组运行状况以及事故控制情况；

（五）其他应当报告的情况。

事故报告后出现新情况的，应当及时补报。

第十一条 事故发生后，有关单位和人员应当妥善保护事故现场以及工作日志、工作票、操作票等相关材料，及时保存故障录波图、电力调度数据、发电机组运行数据和输变电设备运行数据等相关资料，并在事故调查组成立后将相关材料、资料移交事故调查组。

因抢救人员或者采取恢复电力生产、电网运行和电力供应等紧急措施，需要改变事故现场、移动电力设备的，应当作出标记、绘制现场简图，妥善保存重要痕迹、物证，并作出书面记录。

任何单位和个人不得故意破坏事故现场，不得伪造、隐匿或者毁灭相关证据。

第三章　事故应急处置

第十二条　国务院电力监管机构依照《中华人民共和国突发事件应对法》和《国家突发公共事件总体应急预案》，组织编制国家处置电网大面积停电事件应急预案，报国务院批准。

有关地方人民政府应当依照法律、行政法规和国家处置电网大面积停电事件应急预案，组织制定本行政区域处置电网大面积停电事件应急预案。

处置电网大面积停电事件应急预案应当对应急组织指挥体系及职责，应急处置的各项措施，以及人员、资金、物资、技术等应急保障作出具体规定。

第十三条　电力企业应当按照国家有关规定，制定本企业事故应急预案。

电力监管机构应当指导电力企业加强电力应急救援队伍建设，完善应急物资储备制度。

第十四条　事故发生后，有关电力企业应当立即采取相应的紧急处置措施，控制事故范围，防止发生电网系统性崩溃和瓦解；事故危及人身和设备安全的，发电厂、变电站运行值班人员可以按照有关规定，立即采取停运发电机组和输变电设备等紧急处置措施。

事故造成电力设备、设施损坏的，有关电力企业应当立即组织抢修。

第十五条　根据事故的具体情况，电力调度机构可以发布开启或者关停发电机组、调整发电机组有功和无功负荷、调整电网运行方式、调整供电调度计划等电力调度命令，发电企业、电力用户应当执行。

事故可能导致破坏电力系统稳定和电网大面积停电的，电力调度机构有权决定采取拉限负荷、解列电网、解列发电机组等必要措施。

第十六条　事故造成电网大面积停电的，国务院电力监管机构和国务院其他有关部门、有关地方人民政府、电力企业应当按照国家有关规定，启动相应的应急预案，成立应急指挥机构，尽快恢复电网运行和电力供应，防止各种次生灾害的发生。

第十七条　事故造成电网大面积停电的，有关地方人民政府及有关部门应当立即组织开展下列应急处置工作：

（一）加强对停电地区关系国计民生、国家安全和公共安全的重点单位的安全保卫，防范破坏社会秩序的行为，维护社会稳定；

（二）及时排除因停电发生的各种险情；

（三）事故造成重大人员伤亡或者需要紧急转移、安置受困人员的，及时组织实施救治、转移、安置工作；

（四）加强停电地区道路交通指挥和疏导，做好铁路、民航运输以及通信保障工作；

（五）组织应急物资的紧急生产和调用，保证电网恢复运行所需物资和居民基本生活资料的供给。

第十八条　事故造成重要电力用户供电中断的，重要电力用户应当按照有关技术要求迅速启动自备应急电源；启动自备应急电源无效的，电网企业应当提供必要的支援。

事故造成地铁、机场、高层建筑、商场、影剧院、体育场馆等人员聚集场所停电的，应当迅速启用应急照明，组织人员有序疏散。

第十九条　恢复电网运行和电力供应，应当优先保证重要电厂厂用电源、重要输变电设备、电力主干网架的恢复，优先恢复重要电力用户、重要城市、重点地区的电力供应。

　　第二十条　事故应急指挥机构或者电力监管机构应当按照有关规定，统一、准确、及时发布有关事故影响范围、处置工作进度、预计恢复供电时间等信息。

第四章　事　故　调　查　处　理

　　第二十一条　特别重大事故由国务院或者国务院授权的部门组织事故调查组进行调查。

　　重大事故由国务院电力监管机构组织事故调查组进行调查。

　　较大事故、一般事故由事故发生地电力监管机构组织事故调查组进行调查。国务院电力监管机构认为必要的，可以组织事故调查组对较大事故进行调查。

　　未造成供电用户停电的一般事故，事故发生地电力监管机构也可以委托事故发生单位调查处理。

　　第二十二条　根据事故的具体情况，事故调查组由电力监管机构、有关地方人民政府、安全生产监督管理部门、负有安全生产监督管理职责的有关部门派人组成；有关人员涉嫌失职、渎职或者涉嫌犯罪的，应当邀请监察机关、公安机关、人民检察院派人参加。

　　根据事故调查工作的需要，事故调查组可以聘请有关专家协助调查。

　　事故调查组组长由组织事故调查组的机关指定。

　　第二十三条　事故调查组应当按照国家有关规定开展事故调查，并在下列期限内向组织事故调查组的机关提交事故调查报告：

　　（一）特别重大事故和重大事故的调查期限为 60 日；特殊情况下，经组织事故调查组的机关批准，可以适当延长，但延长的期限不得超过 60 日。

（二）较大事故和一般事故的调查期限为 45 日；特殊情况下，经组织事故调查组的机关批准，可以适当延长，但延长的期限不得超过 45 日。

事故调查期限自事故发生之日起计算。

第二十四条　事故调查报告应当包括下列内容：

（一）事故发生单位概况和事故发生经过；

（二）事故造成的直接经济损失和事故对电网运行、电力（热力）正常供应的影响情况；

（三）事故发生的原因和事故性质；

（四）事故应急处置和恢复电力生产、电网运行的情况；

（五）事故责任认定和对事故责任单位、责任人的处理建议；

（六）事故防范和整改措施。

事故调查报告应当附具有关证据材料和技术分析报告。事故调查组成员应当在事故调查报告上签字。

第二十五条　事故调查报告报经组织事故调查组的机关同意，事故调查工作即告结束；委托事故发生单位调查的一般事故，事故调查报告应当报经事故发生地电力监管机构同意。

有关机关应当依法对事故发生单位和有关人员进行处罚，对负有事故责任的国家工作人员给予处分。

事故发生单位应当对本单位负有事故责任的人员进行处理。

第二十六条　事故发生单位和有关人员应当认真吸取事故教训，落实事故防范和整改措施，防止事故再次发生。

电力监管机构、安全生产监督管理部门和负有安全生产监督管理职责的有关部门应当对事故发生单位和有关人员落实事故防范和整改措施的情况进行监督检查。

第五章　法　律　责　任

第二十七条　发生事故的电力企业主要负责人有下列行为之一的，由电力监管机构处其上一年年收入 40%至 80%的罚款；属于国家工作人员的，并依法给予处分；构成犯罪的，依法追究刑事责任：

（一）不立即组织事故抢救的；

（二）迟报或者漏报事故的；

（三）在事故调查处理期间擅离职守的。

第二十八条　发生事故的电力企业及其有关人员有下列行为之一的，由电力监管机构对电力企业处 100 万元以上 500 万元以下的罚款；对主要负责人、直接负责的主管人员和其他直接责任人员处其上一年年收入 60%至 100%的罚款，属于国家工作人员的，并依法给予处分；构成违反治安管理行为的，由公安机关依法给予治安管理处罚；构成犯罪的，依法追究刑事责任：

（一）谎报或者瞒报事故的；

（二）伪造或者故意破坏事故现场的；

（三）转移、隐匿资金、财产，或者销毁有关证据、资料的；

（四）拒绝接受调查或者拒绝提供有关情况和资料的；

（五）在事故调查中作伪证或者指使他人作伪证的；

（六）事故发生后逃匿的。

第二十九条　电力企业对事故发生负有责任的，由电力监管机构依照下列规定处以罚款：

（一）发生一般事故的，处 10 万元以上 20 万元以下的罚款；

（二）发生较大事故的，处 20 万元以上 50 万元以下的罚款；

（三）发生重大事故的，处 50 万元以上 200 万元以下的罚款；

（四）发生特别重大事故的，处 200 万元以上 500 万元以下的罚款。

第三十条 电力企业主要负责人未依法履行安全生产管理职责，导致事故发生的，由电力监管机构依照下列规定处以罚款；属于国家工作人员的，并依法给予处分；构成犯罪的，依法追究刑事责任：

（一）发生一般事故的，处其上一年年收入 30%的罚款；

（二）发生较大事故的，处其上一年年收入 40%的罚款；

（三）发生重大事故的，处其上一年年收入 60%的罚款；

（四）发生特别重大事故的，处其上一年年收入 80%的罚款。

第三十一条 电力企业主要负责人依照本条例第二十七条、第二十八条、第三十条规定受到撤职处分或者刑事处罚的，自受处分之日或者刑罚执行完毕之日起 5 年内，不得担任任何生产经营单位主要负责人。

第三十二条 电力监管机构、有关地方人民政府以及其他负有安全生产监督管理职责的有关部门有下列行为之一的，对直接负责的主管人员和其他直接责任人员依法给予处分；直接负责的主管人员和其他直接责任人员构成犯罪的，依法追究刑事责任：

（一）不立即组织事故抢救的；

（二）迟报、漏报或者瞒报、谎报事故的；

（三）阻碍、干涉事故调查工作的；

（四）在事故调查中作伪证或者指使他人作伪证的。

第三十三条 参与事故调查的人员在事故调查中有下列行为之一的，依法给予处分；构成犯罪的，依法追究刑事责任：

（一）对事故调查工作不负责任，致使事故调查工作有重大疏漏的；

（二）包庇、袒护负有事故责任的人员或者借机打击报复的。

第六章　附　则

第三十四条　发生本条例规定的事故，同时造成人员伤亡或者直接经济损失，依照本条例确定的事故等级与依照《生产安全事故报告和调查处理条例》确定的事故等级不相同的，按事故等级较高者确定事故等级，依照本条例的规定调查处理；事故造成人员伤亡，构成《生产安全事故报告和调查处理条例》规定的重大事故或者特别重大事故的，依照《生产安全事故报告和调查处理条例》的规定调查处理。

电力生产或者电网运行过程中发生发电设备或者输变电设备损坏，造成直接经济损失的事故，未影响电力系统安全稳定运行以及电力正常供应的，由电力监管机构依照《生产安全事故报告和调查处理条例》的规定组成事故调查组对重大事故、较大事故、一般事故进行调查处理。

第三十五条　本条例对事故报告和调查处理未作规定的，适用《生产安全事故报告和调查处理条例》的规定。

第三十六条　核电厂核事故的应急处置和调查处理，依照《核电厂核事故应急管理条例》的规定执行。

第三十七条　本条例自 2011 年 9 月 1 日起施行。

生产安全事故应急处置评估暂行办法

2014 年 9 月 22 日，国家安全监管总局办公厅以安监总厅应急〔2014〕95 号印发《生产安全事故应急处置评估暂行办法》。该《办法》共 17 条，自印发之日起施行。

第一条 为规范生产安全事故应急处置评估工作，总结和吸取应急处置经验教训，不断提高生产安全事故应急处置能力，持续改进应急准备工作，根据《安全生产法》《生产安全事故报告和调查处理条例》《国务院安委会关于进一步加强生产安全事故应急处置工作的通知》（安委〔2013〕8 号），制定本办法。

第二条 本办法适用于除环境污染事故、核设施事故、国防科研生产事故以外的各类生产安全事故的应急处置评估工作。

第三条 生产安全事故应急处置评估应当按照客观、公正、科学的原则进行。

第四条 国家安全生产监督管理总局指导和监督全国生产安全事故应急处置评估工作。

县级以上地方各级人民政府安全生产监督管理部门指导和监督本行政区域内生产安全事故应急处置评估工作。

第五条 国务院和县级以上地方各级人民政府成立或授权、委托成立的事故调查组（以下统称事故调查组），分级负责所调查事故的应急处置评估工作。

上级人民政府安全监管监察部门认为必要时，可以派出工作组协助下级人民政府事故调查组进行应急处置评估。

第六条 事故调查组应当单独设立应急处置评估组，专职负责对事故单位和事发地人民政府的应急处置工作进行评估。

事故调查组应急处置评估组组长一般由安全生产应急管理机构人员担任，有关单位人员参加，并根据需要聘请相关专家参与评估工作。

第七条　应急处置评估组根据工作需要，可以采取下列措施：

（一）听取事故单位和事发地人民政府事故应急处置现场指挥部（以下简称现场指挥部）事故及应急处置情况说明；

（二）现场勘查；

（三）查阅相关文字、音像资料和数据信息；

（四）询问有关人员；

（五）组织专家论证，必要时可以委托相关机构进行技术鉴定。

第八条　事故单位和现场指挥部应当分别总结事故应急处置工作，向事故调查组和上一级安全生产监管监察部门提交总结报告。总结报告内容包括：

（一）事故基本情况；

（二）先期处置情况及事故信息接收、流转与报送情况；

（三）应急预案实施情况；

（四）组织指挥情况；

（五）现场救援方案制定及执行情况；

（六）现场应急救援队伍工作情况；

（七）现场管理和信息发布情况；

（八）应急资源保障情况；

（九）防控环境影响措施的执行情况；

（十）救援成效、经验和教训；

（十一）相关建议。

事故单位和现场指挥部应当妥善保存并整理好与应急处置有关的书证和物证。

第九条　应急处置评估组对事故单位的评估，应当包括以下内容：

（一）应急响应情况，包括事故基本情况、信息报送情况等；

（二）先期处置情况，包括自救情况、控制危险源情况、防范次生灾害发生情况；

（三）应急管理规章制度的建立和执行情况；

（四）风险评估和应急资源调查情况；

（五）应急预案的编制、培训、演练、执行情况；

（六）应急救援队伍、人员、装备、物资储备、资金保障等方面的落实情况。

第十条　应急处置评估组对事发地人民政府的评估，应当包括以下内容：

（一）应急响应情况，包括事故发生后信息接收、流转与报送情况、相关职能部门协调联动情况；

（二）指挥救援情况，包括应急救援队伍和装备资源调动情况、应急处置方案制定情况；

（三）应急处置措施执行情况，包括现场应急救援队伍工作情况、应急资源保障情况、防范次生衍生及事故扩大采取的措施情况、防控环境影响措施执行情况；

（四）现场管理和信息发布情况。

第十一条　应急处置评估组应当向事故调查组提交应急处置评估报告。评估报告包括以下内容：

（一）事故应急处置基本情况；

（二）事故单位应急处置责任落实情况；

（三）地方人民政府应急处置责任落实情况；

（四）评估结论；

（五）经验教训；

（六）相关工作建议。

第十二条　事故调查组应当将应急处置评估内容纳入事故调查报告。

第十三条　安全监管监察部门及其应急管理工作机构应当根据事故调查报告，改进和加强日常管理、应急准备及应急处置等工作。

第十四条　县级以上地方各级安全生产监督管理部门、驻地各级煤矿安全监察机构应当每年对本辖区生产安全事故应急处置评估情况进行总结，并收集典型案例，向上一级安全生产监督管理部门、煤矿安全监察机构报告。

第十五条　生产安全险情的应急处置评估工作，成立事故调查组的，依照本办法执行；未成立事故调查组的，由现场指挥部或事发地人民政府安全生产监督管理部门依照本办法执行。

第十六条　本办法所称的生产安全事故应急处置是指生产安全事故发生到事故危险状态消除期间，为抢救人员、保护财产和环境而采取的措施、行动。

本办法所称的生产安全险情是指在生产经营活动中发生的对人员生命和财产安全造成威胁，但损害未达到生产安全事故等级标准的事件。

第十七条　本办法自印发之日起施行。

安全生产事故隐患排查治理暂行规定

第一章 总 则

第一条 为了建立安全生产事故隐患排查治理长效机制，强化安全生产主体责任，加强事故隐患监督管理，防止和减少事故，保障人民群众生命财产安全，根据安全生产法等法律、行政法规，制定本规定。

第二条 生产经营单位安全生产事故隐患排查治理和安全生产监督管理部门、煤矿安全监察机构（以下统称安全监管监察部门）实施监管监察，适用本规定。

有关法律、行政法规对安全生产事故隐患排查治理另有规定的，依照其规定。

第三条 本规定所称安全生产事故隐患（以下简称事故隐患），是指生产经营单位违反安全生产法律、法规、规章、标准、规程和安全生产管理制度的规定，或者因其他因素在生产经营活动中存在可能导致事故发生的物的危险状态、人的不安全行为和管理上的缺陷。

事故隐患分为一般事故隐患和重大事故隐患。一般事故隐患，是指危害和整改难度较小，发现后能够立即整改排除的隐患。重大事故隐患，是指危害和整改难度较大，应当全部或者局部停产停业，并经过一定时间整改治理方能排除的隐患，或者因外部因素影响致使生产经营单位自身难以排除的隐患。

第四条 生产经营单位应当建立健全事故隐患排查治理制度。

生产经营单位主要负责人对本单位事故隐患排查治理工作全面

负责。

第五条　各级安全监管监察部门按照职责对所辖区域内生产经营单位排查治理事故隐患工作依法实施综合监督管理；各级人民政府有关部门在各自职责范围内对生产经营单位排查治理事故隐患工作依法实施监督管理。

第六条　任何单位和个人发现事故隐患，均有权向安全监管监察部门和有关部门报告。

安全监管监察部门接到事故隐患报告后，应当按照职责分工立即组织核实并予以查处；发现所报告事故隐患应当由其他有关部门处理的，应当立即移送有关部门并记录备查。

第二章　生产经营单位的职责

第七条　生产经营单位应当依照法律、法规、规章、标准和规程的要求从事生产经营活动。严禁非法从事生产经营活动。

第八条　生产经营单位是事故隐患排查、治理和防控的责任主体。

生产经营单位应当建立健全事故隐患排查治理和建档监控等制度，逐级建立并落实从主要负责人到每个从业人员的隐患排查治理和监控责任制。

第九条　生产经营单位应当保证事故隐患排查治理所需的资金，建立资金使用专项制度。

第十条　生产经营单位应当定期组织安全生产管理人员、工程技术人员和其他相关人员排查本单位的事故隐患。对排查出的事故隐患，应当按照事故隐患的等级进行登记，建立事故隐患信息档案，并按照职责分工实施监控治理。

第十一条　生产经营单位应当建立事故隐患报告和举报奖励制

度，鼓励、发动职工发现和排除事故隐患，鼓励社会公众举报。对发现、排除和举报事故隐患的有功人员，应当给予物质奖励和表彰。

第十二条 生产经营单位将生产经营项目、场所、设备发包、出租的，应当与承包、承租单位签订安全生产管理协议，并在协议中明确各方对事故隐患排查、治理和防控的管理职责。生产经营单位对承包、承租单位的事故隐患排查治理负有统一协调和监督管理的职责。

第十三条 安全监管监察部门和有关部门的监督检查人员依法履行事故隐患监督检查职责时，生产经营单位应当积极配合，不得拒绝和阻挠。

第十四条 生产经营单位应当每季、每年对本单位事故隐患排查治理情况进行统计分析，并分别于下一季度 15 日前和下一年 1 月31 日前向安全监管监察部门和有关部门报送书面统计分析表。统计分析表应当由生产经营单位主要负责人签字。

对于重大事故隐患，生产经营单位除依照前款规定报送外，应当及时向安全监管监察部门和有关部门报告。重大事故隐患报告内容应当包括：

（一）隐患的现状及其产生原因；

（二）隐患的危害程度和整改难易程度分析；

（三）隐患的治理方案。

第十五条 对于一般事故隐患，由生产经营单位（车间、分厂、区队等）负责人或者有关人员立即组织整改。

对于重大事故隐患，由生产经营单位主要负责人组织制定并实施事故隐患治理方案。重大事故隐患治理方案应当包括以下内容：

（一）治理的目标和任务；

（二）采取的方法和措施；

（三）经费和物资的落实；

（四）负责治理的机构和人员；

（五）治理的时限和要求；

（六）安全措施和应急预案。

第十六条　生产经营单位在事故隐患治理过程中，应当采取相应的安全防范措施，防止事故发生。事故隐患排除前或者排除过程中无法保证安全的，应当从危险区域内撤出作业人员，并疏散可能危及的其他人员，设置警戒标志，暂时停产停业或者停止使用；对暂时难以停产或者停止使用的相关生产储存装置、设施、设备，应当加强维护和保养，防止事故发生。

第十七条　生产经营单位应当加强对自然灾害的预防。对于因自然灾害可能导致事故灾难的隐患，应当按照有关法律、法规、标准和本规定的要求排查治理，采取可靠的预防措施，制定应急预案。在接到有关自然灾害预报时，应当及时向下属单位发出预警通知；发生自然灾害可能危及生产经营单位和人员安全的情况时，应当采取撤离人员、停止作业、加强监测等安全措施，并及时向当地人民政府及其有关部门报告。

第十八条　地方人民政府或者安全监管监察部门及有关部门挂牌督办并责令全部或者局部停产停业治理的重大事故隐患，治理工作结束后，有条件的生产经营单位应当组织本单位的技术人员和专家对重大事故隐患的治理情况进行评估；其他生产经营单位应当委托具备相应资质的安全评价机构对重大事故隐患的治理情况进行评估。

经治理后符合安全生产条件的，生产经营单位应当向安全监管监察部门和有关部门提出恢复生产的书面申请，经安全监管监察部门和有关部门审查同意后，方可恢复生产经营。申请报告应当包括治理方案的内容、项目和安全评价机构出具的评价报告等。

第三章　监　督　管　理

第十九条　安全监管监察部门应当指导、监督生产经营单位按照有关法律、法规、规章、标准和规程的要求，建立健全事故隐患排查治理等各项制度。

第二十条　安全监管监察部门应当建立事故隐患排查治理监督检查制度，定期组织对生产经营单位事故隐患排查治理情况开展监督检查；应当加强对重点单位的事故隐患排查治理情况的监督检查。对检查过程中发现的重大事故隐患，应当下达整改指令书，并建立信息管理台账。必要时，报告同级人民政府并对重大事故隐患实行挂牌督办。

安全监管监察部门应当配合有关部门做好对生产经营单位事故隐患排查治理情况开展的监督检查，依法查处事故隐患排查治理的非法和违法行为及其责任者。

安全监管监察部门发现属于其他有关部门职责范围内的重大事故隐患的，应该及时将有关资料移送有管辖权的有关部门，并记录备查。

第二十一条　已经取得安全生产许可证的生产经营单位，在其被挂牌督办的重大事故隐患治理结束前，安全监管监察部门应当加强监督检查。必要时，可以提请原许可证颁发机关依法暂扣其安全生产许可证。

第二十二条　安全监管监察部门应当会同有关部门把重大事故隐患整改纳入重点行业领域的安全专项整治中加以治理，落实相应责任。

第二十三条　对挂牌督办并采取全部或者局部停产停业治理的

重大事故隐患，安全监管监察部门收到生产经营单位恢复生产的申请报告后，应当在 10 日内进行现场审查。审查合格的，对事故隐患进行核销，同意恢复生产经营；审查不合格的，依法责令改正或者下达停产整改指令。对整改无望或者生产经营单位拒不执行整改指令的，依法实施行政处罚；不具备安全生产条件的，依法提请县级以上人民政府按照国务院规定的权限予以关闭。

第二十四条 安全监管监察部门应当每季将本行政区域重大事故隐患的排查治理情况和统计分析表逐级报至省级安全监管监察部门备案。

省级安全监管监察部门应当每半年将本行政区域重大事故隐患的排查治理情况和统计分析表报国家安全生产监督管理总局备案。

第四章 罚 则

第二十五条 生产经营单位及其主要负责人未履行事故隐患排查治理职责，导致发生生产安全事故的，依法给予行政处罚。

第二十六条 生产经营单位违反本规定，有下列行为之一的，由安全监管监察部门给予警告，并处三万元以下的罚款：

（一）未建立安全生产事故隐患排查治理等各项制度的；

（二）未按规定上报事故隐患排查治理统计分析表的；

（三）未制定事故隐患治理方案的；

（四）重大事故隐患不报或者未及时报告的；

（五）未对事故隐患进行排查治理擅自生产经营的；

（六）整改不合格或者未经安全监管监察部门审查同意擅自恢复生产经营的。

第二十七条 承担检测检验、安全评价的中介机构，出具虚假评价证明，尚不够刑事处罚的，没收违法所得，违法所得在五千元以上的，并处违法所得二倍以上五倍以下的罚款，没有违法所得或者违法所得不足五千元的，单处或者并处五千元以上二万元以下的罚款，同时可对其直接负责的主管人员和其他直接责任人员处五千元以上五万元以下的罚款；给他人造成损害的，与生产经营单位承担连带赔偿责任。

对有前款违法行为的机构，撤销其相应的资质。

第二十八条　生产经营单位事故隐患排查治理过程中违反有关安全生产法律、法规、规章、标准和规程规定的，依法给予行政处罚。

第二十九条　安全监管监察部门的工作人员未依法履行职责的，按照有关规定处理。

第五章　附　　则

第三十条　省级安全监管监察部门可以根据本规定，制定事故隐患排查治理和监督管理实施细则。

第三十一条　事业单位、人民团体以及其他经济组织的事故隐患排查治理，参照本规定执行。

第三十二条　本规定自 2008 年 2 月 1 日起施行。

第7章

综合应急预案主要内容

7.1　事故风险描述

简述生产经营单位存在或可能发生的事故风险种类、发生的可能性以及严重程度及影响范围等。

7.2　应急组织机构及职责

明确生产经营单位的应急组织形式及组成单位或人员，可用结构图的形式表示，明确构成部门的职责。应急组织机构根据事故类型和应急工作需要，可设置相应的应急工作小组，并明确各小组的工作任务及职责。

7.3　预警及信息报告

7.3.1　预警

根据生产经营单位监测监控系统数据变化状况、事故险情紧急程度和发展势态或有关部门提供的预警信息进行预警，明确预警的条件、方式、方法和信息发布的程序。

7.3.2　信息报告

信息报告程序主要包括：

（1）信息接收与通报。

明确 24 小时应急值守电话、事故信息接收、通报程序和责任人。

（2）信息上报。

明确事故发生后向上级主管部门、上级单位报告事故信息的流程、内容、时限和责任人。

（3）信息传递。

明确事故发生后向本单位以外的有关部门或单位通报事故信息的方法、程序和责任人。

（4）应急响应。

1）响应分级。

针对事故危害程度、影响范围和生产经营单位控制事态的能力，对事故应急响应进行分级，明确分级响应的基本原则。

2）响应程序。

根据事故级别和发展态势，描述应急指挥机构启动、应急资源调配、应急救援、扩大应急等响应程序。

3）处置程序。

针对可能发生的事故风险、事故危害程度和影响范围，制定相应的应急处置措施，明确处置原则和具体要求。

4）应急结束。

明确现场应急响应结束的基本条件和要求。

7.4　信息公开

明确向有关新闻媒体、社会公众通报事故信息的部门、负责人和程序以及通报原则。

7.5　后期处置

主要明确污染物处理、生产秩序恢复、医疗救治、人员安置、善后赔偿、应急救援评估等内容。

7.6　保障措施

7.6.1　通信与信息保障

明确可为生产经营单位提供应急保障的相关单位及人员通信联系方式和方法，并提供备用方案。同时，建立信息通信系统及维护方案，确保应急期间信息畅通。

7.6.2　应急队伍保障

明确应急响应的人力资源，包括应急专家、专业应急队伍、兼职应急队伍等。

7.6.3　物资装备保障

明确生产经营单位的应急物资和装备的类型、数量、性能、存放位置、运输及使用条件、管理责任人及其联系方式等内容。

7.6.4　其他保障

根据应急工作需求而确定的其他相关保障措施（如：经费保障、交通运输保障、治安保障、医疗保障、后勤保障等）。

7.7　应急预案管理

7.7.1　应急预案培训

明确对生产经营单位人员开展的应急预案培训计划、方式和要求，使有关人员了解相关应急预案内容，熟悉应急职责、应急程序和现场处置方案。如果应急预案涉及到社区和居民，要做好宣传教育和告知等工作。

7.7.2　应急预案演练

明确生产经营单位不同类型应急预案演练的形式、范围、频次、内容以及演练评估、总结等要求。

7.7.3　应急预案修订

明确应急预案修订的基本要求，并定期进行评审，实现可持续改进。

7.7.4　应急预案备案

明确应急预案的报备部门，并进行备案。

7.7.5　应急预案实施

明确应急预案实施的具体时间、负责制定与解释的部门。

附件：制度文件

生产经营单位生产安全事故应急预案编制导则

第一章 范 围

本标准规定了生产经营单位编制生产安全事故应急预案（以下简称应急预案）的编制程序、体系构成和综合应急预案、专项应急预案、现场处置方案以及附件。

本标准适用于生产经营单位的应急预案编制工作，其他社会组织和单位的应急预案编制可参照本标准执行。

第二章 规范性引用文件

下列文件对于本文件的应用是必不可少的。凡是注日期的引用文件，仅注日期的版本适用于本文件。凡是不注日期的引用文件，其最新版本（包括所有的修改单）适用于本文件。

GB/T 20000.4 标准化工作指南第4部分：标准中涉及安全的内容

AQ/T 9007 生产安全事故应急演练指南

第三章 术 语 和 定 义

下列术语和定义适用于本文件。

1. 应急预案

为有效预防和控制可能发生的事故，最大程度减少事故及其造成损害而预先制定的工作方案。

2. 应急准备

针对可能发生的事故，为迅速、科学、有序地开展应急行动而预先进行的思想准备、组织准备和物资准备。

3. 应急响应

针对发生的事故，有关组织或人员采取的应急行动。

4. 应急救援

在应急响应过程中，为最大限度地降低事故造成的损失或危害，防止事故扩大，而采取的紧急措施或行动。

5. 应急演练

针对可能发生的事故情景，依据应急预案而模拟开展的应急活动。

第四章　应急预案编制程序

1. 概述

生产经营单位应急预案编制程序包括成立应急预案编制工作组、资料收集、风险评估、应急能力评估、编制应急预案和应急预案评审 6 个步骤。

2. 立应急预案编制工作组

生产经营单位应结合本单位部门职能和分工，成立以单位主要负责人（或分管负责人）为组长，单位相关部门人员参加的应急预案编制工作组，明确工作职责和任务分工，制定工作计划，组织开展应急预案编制工作。

3. 资料收集

应急预案编制工作组应收集与预案编制工作相关的法律法规、技术标准、应急预案、国内外同行业企业事故资料，同时收集本单位安全生产相关技术资料、周边环境影响、应急资源等有关资料。

4. 风险评估

主要内容包括：

1）分析生产经营单位存在的危险因素，确定事故危险源；

2）分析可能发生的事故类型及后果，并指出可能产生的次生、衍生事故；

3）评估事故的危害程度和影响范围，提出风险防控措施。

5. 应急能力评估

在全面调查和客观分析生产经营单位应急队伍、装备、物资等应急资源状况基础上开展应急能力评估，并依据评估结果，完善应急保障措施。

6. 编制应急预案

依据生产经营单位风险评估及应急能力评估结果，组织编制应急预案。应急预案编制应注重系统性和可操作性，做到与相关部门和单位应急预案相衔接。应急预案编制格式参见附录 A。

7. 应急预案评审

应急预案编制完成后，生产经营单位应组织评审。评审分为内部评审和外部评审，内部评审由生产经营单位主要负责人组织有关部门和人员进行。外部评审由生产经营单位组织外部有关专家和人员进行评审。应急预案评审合格后，由生产经营单位主要负责人（或分管负责人）签发实施，并进行备案管理。

第五章 应急预案体系

1. 概述

生产经营单位的应急预案体系主要由综合应急预案、专项应急预案和现场处置方案构成。生产经营单位应根据本单位组织管理体系、生产规模、危险源的性质以及可能发生的事故类型确定应急预案体系，并可根据本单位的实际情况，确定是否编制专项应急预案。风险因素单一的小微型生产经营单位可只编写现场处置方案。

2. 综合应急预案

综合应急预案是生产经营单位应急预案体系的总纲，主要从总体上阐述事故的应急工作原则，包括生产经营单位的应急组织机构及职责、应急预案体系、事故风险描述、预警及信息报告、应急响应、保障措施、应急预案管理等内容。

3. 专项应急预案

专项应急预案是生产经营单位为应对某一类型或某几种类型事故，或者针对重要生产设施、重大危险源、重大活动等内容而制定的应急预案。专项应急预案主要包括事故风险分析、应急指挥机构及职责、处置程序和措施等内容。

4. 现场处置方案

现场处置方案是生产经营单位根据不同事故类别，针对具体的场所、装置或设施所制定的应急处置措施，主要包括事故风险分析、应急工作职责、应急处置和注意事项等内容。生产经营单位应根据风险评估、岗位操作规程以及危险性控制措施，组织本单位现场作业人员及安全管理等专业人员共同编制现场处置方案。

生产经营单位生产安全事故应急
预案评审指南（试行）

为了贯彻实施《生产安全事故应急预案管理办法》（国家安全监管总局令第 17 号），指导生产经营单位做好生产安全事故应急预案（以下简称应急预案）评审工作，提高应急预案的科学性、针对性和实效性，依据《生产经营单位安全生产事故应急预案编制导则》（以下简称《导则》），编制本指南。

一、评审方法

应急预案评审采取形式评审和要素评审两种方法。形式评审主要用于应急预案备案时的评审，要素评审用于生产经营单位组织的应急预案评审工作。应急预案评审采用符合、基本符合、不符合三种意见进行判定。对于基本符合和不符合的项目，应给出具体修改意见或建议。

（一）形式评审。依据《导则》和有关行业规范，对应急预案的层次结构、内容格式、语言文字、附件项目以及编制程序等内容进行审查，重点审查应急预案的规范性和编制程序。应急预案形式评审的具体内容及要求，见附件1。

（二）要素评审。依据国家有关法律法规、《导则》和有关行业规范，从合法性、完整性、针对性、实用性、科学性、操作性和衔接性等方面对应急预案进行评审。为细化评审，采用列表方式分别对应急预案的要素进行评审。评审时，将应急预案的要素内容与评审表中所列要素的内容进行对照，判断是否符合有关要求，指出存在问题及不足。应急预案要素分为关键要素和一般要素。应急预案要素评审的具体内容及要求，见附件 2、附件 3、附件 4、附件 5。

关键要素是指应急预案构成要素中必须规范的内容。这些要素涉及生产经营单位日常应急管理及应急救援的关键环节，具体包括危险源辨识与风险分析、组织机构及职责、信息报告与处置和应急响应程序与处置技术等要素。关键要素必须符合生产经营单位实际和有关规定要求。

一般要素是指应急预案构成要素中可简写或省略的内容。这些要素不涉及生产经营单位日常应急管理及应急救援的关键环节，具体包括应急预案中的编制目的、编制依据、适用范围、工作原则、单位概况等要素。

二、评审程序

应急预案编制完成后，生产经营单位应在广泛征求意见的基础上，对应急预案进行评审。

（一）评审准备。成立应急预案评审工作组，落实参加评审的单位或人员，将应急预案及有关资料在评审前送达参加评审的单位或人员。

（二）组织评审。评审工作应由生产经营单位主要负责人或主管安全生产工作的负责人主持，参加应急预案评审人员应符合《生产安全事故应急预案管理办法》要求。生产经营规模小、人员少的单位，可以采取演练的方式对应急预案进行论证，必要时应邀请相关主管部门或安全管理人员参加。应急预案评审工作组讨论并提出会议评审意见。

（三）修订完善。生产经营单位应认真分析研究评审意见，按照评审意见对应急预案进行修订和完善。评审意见要求重新组织评审的，生产经营单位应组织有关部门对应急预案重新进行评审。

（四）批准印发。生产经营单位的应急预案经评审或论证，符合要求的，由生产经营单位主要负责人签发。

三、评审要点

应急预案评审应坚持实事求是的工作原则，结合生产经营单位工作实际，按照《导则》和有关行业规范，从以下七个方面进行评审。

（一）合法性。符合有关法律、法规、规章和标准，以及有关部门和上级单位规范性文件要求。

（二）完整性。具备《导则》所规定的各项要素。

（三）针对性。紧密结合本单位危险源辨识与风险分析。

（四）实用性。切合本单位工作实际，与生产安全事故应急处置能力相适应。

（五）科学性。组织体系、信息报送和处置方案等内容科学合理。

（六）操作性。应急响应程序和保障措施等内容切实可行。

（七）衔接性。综合、专项应急预案和现场处置方案形成体系，并与相关部门或单位应急预案相互衔接。

有关部门应急预案的评审工作可参照本指南。

附件：

1. 应急预案形式评审表

2. 综合应急预案要素评审表

3. 专项应急预案要素评审表

4. 现场处置方案要素评审表

5. 应急预案附件要素评审表

附件 1

应急预案形式评审表

评审项目	评审内容及要求	评审意见
封面	应急预案版本号、应急预案名称、生产经营单位名称、发布日期等内容	
批准页	1. 对应急预案实施提出具体要求。 2. 发布单位主要负责人签字或单位盖章	
目录	1. 页码标注准确（预案简单时目录可省略）。 2. 层次清晰，编号和标题编排合理	
正文	1. 文字通顺、语言精练、通俗易懂。 2. 结构层次清所，内容格式规范。 3. 图表、文字清楚，编排合理（名称、顺序、大小等）。 4. 无错别字，同类文字的字体、字号统一	
附件	1. 附件项目齐全，编排有序合理。 2. 多个附件应标明附件的对应序号。 3. 需要时，附件可以独立装订	
编制过程	1. 成立应急预案编制工作组。 2. 全面分析本单位危险因素，确定可能发生的事故类型及危害程度。 3. 针对危险源和事故危害程度，制定相应的防范措施。 4. 客观评价本单位应急能力，掌握可利用的社会应急资源情况。 5. 制定相关专项预案和现场处置方案，建立应急预案体系。 6. 充分征求相关部门和单位意见，并对意见及采纳情况进行记录。 7. 必要时与相关专业应急救援单位签订应急救援协议。 8. 应急预案经过评审或论证。 9. 重新修订后评审的，一并注明	

附件 2

综合应急预案要素评审表

评审项目		评函内容及要求	评审意见
总则	编制目的	目的明确，简明扼要	
	编制依据	1. 引用的法规标准合法有效。 2. 明确相衔接的上级预案，不得越级引用应急预案	
	应急预案体系*	1. 能够清晰表述本单位及所属单位应急预案组成和衔接关系（推荐使用图表）。 2. 能号覆盖本单位及所属单位可能发生的事故类型	
	应急工作原则	1. 符合国家有关规定和要求。 2. 结合本单位应急工作实际	
适用范围*		范围明确，适用的事故类型和响应级别合理	
危险性分析	生产经营单位概况	1. 明确有关设施、装置、设备以及重要目标场所的布局等情况。 2. 需要各方应急力量（包括外部应急力鱼）事先熟悉的有关基本情况和内容	
	危险源辨识与风险分析*	1. 能够客观分析本单位存在的危险源及危险程度。 2. 能够客观分析可能引发事故的诱因、影响范围及后果	
组织机构及职责*	应急组织体系	1. 能够清晰描述本单位的应急组织体系（推荐使用图表）。 2. 明确应急组织成员日常及应急状态下的工作职责	
	指挥机构及职责	1. 清晰表述本单位应急指挥体系。 2. 应急指挥部门职责明确。 3. 各应急救援小组设置合理，应急工作明确	
预防与预警	危险源管理	1. 明确技术性预防和管理措施。 2. 明确相应的应急处置措施	
	预警行动	1. 明确预警信息发布的方式、内容和流程。 2. 预警级别与采取的预警措施科学合理	

续表

评审项目		评函内容及要求	评审意见
预防与预警	信息报告与处置*	1. 明确本单位 24 小时应急值守电话。 2. 明确本单位内部信息报告的方式、要求与处置流程。 3. 明确事故信息上报的部门、通信方式和内容时限。 4. 明确向事故相关单位通告、报警的方式和内容。 5. 明确向有关单位发出请求支援的方式和内容。 6. 明确与外界新闻舆论信息沟通的责任人以及具体方式	
应急响应	响应分级*	1. 分级清晰，且与上级应急预案响应分级衔接。 2. 能够体现事故紧急和危害程度。 3. 明确紧急情况下应急响应决策的原则	
	响应程序*	1. 立足于控制事态发展，减少事故损失。 2. 明确救援过程中各专项应急功能的实施程序。 3. 明确扩大应急的基本条件及原则。 4. 能够辅以图表直接表述应急响应程序	
	应急结束	1. 明确应急救援行动结束的条件和相关后续事宜。 2. 明确发布应急终止命令的组织机构和程序。 3. 明确事故应急救援结束后负责工作总结部门	
后期处置		1. 明确事故发生后，污染物处理、生产恢复、善后赔偿等内容。 2. 明确应急处置能力评估及应急预案的修订等要求	
保障措施*		1. 明确相关单位或人员的通信方式，确保应急期间信息通畅。 2. 明确应急装备、设施和器材及其存放位置清单，以及保证其有效性的措施。 3. 明确各类应急资源，包括专业应急救援队伍、兼职应急队伍的组织机构以及联系方式。 4. 明确应急工作经费保障方案	

评审项目		评函内容及要求	评审意见
培训与演练*		1. 明确本单位开展应急管理培训的计划和方式方法。 2. 如果应急预案涉及周边社区和居民，应明确相应的应急宣传教育工作。 3. 明确应急演练的方式、频次、范围、内容、组织、评估、总结等内容	
附则	应急预案备案	1. 明确本预案应报备的有关部门（上级主管部门及地方政府有关部门）和有关抄送单位。 2. 符合国家关于预案备案的相关要求	
	制定与修订	1. 明确负责制定与解释应急预案的部门。 2. 明确应急预案修订的具体条件和时限	

* 代表应急预案的关键要素。

附件 3

专项应急预案要素评审表

评审项目		评审内容及要求	评审意见
事故类型和危险程度分析*		1. 能够客观分析本单位存在的危险源及危险程度。 2. 能够客观分析可能引发事故的诱因、影响范围及后果。 3. 能够提出相应的事故预防和应急措施	
组织机构及职责*	应急组织体系	1. 能够清晰描述本单位的应急组织体系（推荐使用图表）。 2. 明确应急组织成员日常及应急状态下的工作职责	
	指挥机构及职责	1. 清晰表述本单位应急指挥体系。 2. 应急指挥部门职责明确。 3. 各应急救援小组设置合理，应急工作明确	

续表

评审项目		评审内容及要求	评审意见
预防与预警	危险源监控	1. 明确危险源的监测监控方式、方法。 2. 明确技术性预防和管理措施。 3. 明确采取的应急处置措施	
	预警行动	1. 明确预警信息发布的方式及流程。 2. 预警级别与采取的预警措施科学合理	
信息报告程序*		1. 明确 24 小时应急值守电话。 2. 明确本单位内部信息报告的方式、要求与处置流程。 3. 明确事故信息上报的部门、通信方式和内容时限。 4. 明确向事故相关单位通告、报警的方式和内容。 5. 明确向有关单位发出请求支援的方式和内容	
应急响应*	响应分级	1. 分级清晰合理，且与上级应急预案响应分级衔接。 2. 能够体现事故紧急和危害程度。 3. 明确紧急情况下应急响应决策的原则	
	响应程序	1. 明确具体的应急响应程序和保障措施。 2. 明确救援过程中各专项应急功能的实施程序。 3. 明确扩大应急的基本条件及原则。 4. 能够辅以图表直观表述应急响应程序	
	处置措施	1. 针对事故种类制定相应的应急处置措施。 2. 符合实际，科学合理。 3. 程序清晰，简单易行	
应急物资与装备保障*		1. 明确对应急救援所需的物资和装备的要求。 2. 应急物资与装备保障符合单位实际，满足应急要求	

*　代表应急预案的关键要素。如果专项应急预案作为综合应急预案的附件，综合应急预案已经明确的要素，专项应急预案可省略。

附件 4

现场处置方案要素评审表

评审项目	评审内容及要求	评审意见
事故特征*	1. 明确可能发生事故的类型和危险程度，清晰描述作业现场风险。 2. 明确事故判断的基本征兆及条件	
应急组织及职责*	1. 明确现场应急组织形式及人员。 2. 应急职责与工作职责紧密结合	
应急处置*	1. 明确第一发现者进行事故初步判定的要点及报警时的必要信息。 2. 明确报警、应急措施启动、应急救护人员引导、扩大应急等程序。 3. 针对操作程序、工艺流程、现场处置、事故控制和人员救护等方面制定应急处置措施。 4. 明确报警方式、报告单位、基本内容和有关要求	
注意事项	1. 佩戴个人防护器具方面的注意事项。 2. 使用抢险救援器材方面的注意事项。 3. 有关救援措施实施方面的注意事项。 4. 现场自救与互救方面的注意事项。 5. 现场应急处置能力确认方面的注意事项。 6. 应急救援结束后续处置方面的注意事项。 7. 其他需要特别警示方面的注意事项	

* 代表应急预案的关键要素。现场处置方案落实到岗位每个人，可以只保留应急处置。

附件5

应急预案附件要素评审表

评审项目	评审内容及要求	评审意见
有关部门、机构或人员的联系方式	1. 列出应急工作需要联系的部门、机构或人员至少两种以上联系方式,并保证准确有效。 2. 列出所有参与应急指挥、协调人员姓名、所在部门、职务和联系电话,并保证准确有效	
重要物资装备名录或清单	1. 以表格形式列出应急装备、设施和器材清单,清单应当包括种类、名称、数量以及存放位置、规格、性能、用途和用法等信息。 2. 定期检查和维护应急装备,保证准确有效	
规范化格式文本	给出信息接报、处理、上报等规范化格式文本,要求规范、清晰、简洁	
关键的路线、标识和图纸	1. 警报系统分布及覆盖范围。 2. 重要防护目标一览表、分布图。 3. 应急救援指挥位置及救援队伍行动路线。 4. 疏散路线、重要地点等标识。 5. 相关平面布置图纸、救援力量分布图等	
相关应急预案名录、协议或备忘录	列出与本应急预案相关的或相衔接的应急预案名称、以及与相关应急救援部门签订的应急支援协议或备忘录	

注:附件根据应急工作需要而设置,部分项目可省略。

电力企业应急预案评审和备案细则

第一章 总 则

第一条 进一步贯彻落实《电力企业应急预案管理办法》，加强和规范电力企业应急预案评审和备案管理工作，结合电力企业实际，制定本细则。

第二条 细则适用于电力企业综合应急预案，自然灾害类专项应急预案，事故灾害类专项应急预案的评审和备案工作。

公共卫生事件类、社会安全事件类专项应急预案以及电力企业现场处置方案的评审工作可参照本细则执行。

国家能源局及其派出机构可根据实际情况，要求电力企业针对特定的风险编制相关应急预案并按本细则的规定进行评审和备案。

第二章 评 审

第三条 力企业应急预案编制修订完成后，应当按照本细则规定及时组织开展应急预案评审工作，以确保应急预案的合法性、完整性、针对性、实用性、科学性、操作性和衔接性。

第四条 急预案评审之前，电力企业应当组织相关人员对专项应急预案进行桌面演练，以检验预案的可操作性。如有需要，电力企业也可对多个应急预案组织开展联合桌面演练。演练应当记录、存档。

第五条 评审工作由编制应急预案的电力企业或其上级单位组织。组织应急预案评审的单位应组建评审专家组，对应急预案的形式、要素进行评审。评审工作可邀请预案涉及的有关政府部门、国家能源局及其派出机构和相关单位人员参加。

电力企业也可根据本单位实际情况，委托第三方机构组织评审工作。

第六条　评审专家组由电力应急专家库的专家组成，参加评审的专家人数不应少于 2 人。国家能源局及其派出机构负责组建全国和区域电力应急专家库，并负责电力应急专家的聘任、应急专业培训等工作。

第七条　评审专家应履行以下职责：

（一）严格按照电力企业应急预案管理的有关法律法规规定进行评审，不得擅自改变评审方法和评审标准；

（二）坚持独立、客观、公平、公正、诚实、守信原则，提供的评审意见要准确可靠，并对评审意见承担责任；

（三）不得利用评审活动之便或利用评审专家的特殊身份和影响力，为本人或本项目以外的其他项目谋取不正当的利益。

（四）不得擅自向任何单位和个人泄露与评审工作有关的情况和所评审单位的商业秘密等；

（五）与所评审预案的电力企业有利益关系或在评审前参与所评预案咨询、论证的，应当回避。

第八条　应急预案评审前，电力企业应落实参加评审的人员，将本单位编写的应急预案及有关资料提前 7 日送达相关人员。

第九条　力企业应急预案评审包括形式评审和要素评审。

（一）形式评审。依据有关行业规范，对应急预案的层次结构、内容格式、语言文字、附件项目以及编制程序等内容进行审查，重点审查应急预案的规范性和编制程序（见附表1）。

（二）要素评审。依据有关行业规范，从合法性、完整性、针对性、实用性、科学性、操作性和衔接性等方面对应急预案进行评审。

为细化评审，采用列表方式分别对应急预案的要素进行评审。评审时，将应急预案的要素内容与评审表（见附表 2、3、4）中所列要素的内容进行对照，判断是否符合有关要求，指出存在问题及不足。

第十条 应急预案评审采用符合、基本符合、不符合三种意见进行判定。判定为基本符合和不符合的项目，评审专家应给出具体修改意见或建议。

评审专家组所有成员应按照"谁评审、谁签字、谁负责"的原则，对每个预案的评审意见（见附表 5）分别进行签字确认。

第十一条 电力企业应急预案评审应当形成评审会议记录，至少应包括以下内容：

（一）应急预案名称；

（二）评审地点、时间、参会人员信息；

（三）专家组书面评审意见（附"评审表"）；

（四）参会人员（签名）。

第十二条 家组会议评审意见要求重新组织评审的，电力企业应当按要求修订后重新组织评审。

第十三条 电力企业应急预案经评审合格后，由电力企业主要负责人签署印发。

第三章 备 案

第十四条 力企业应在应急预案正式签署印发后 20 个工作日内，将本单位相关应急预案按以下规定进行备案：

（一）中央电力企业（集团公司或总部）向国家能源局备案。

中国南方电网有限责任公司同时向当地国家能源局区域派出机构备案。

（二）国家能源局派出机构监管范围内地调以上调度的发电企业

向所在地派出机构备案。

国家能源局派出机构监管范围内地（市）级以上的供电企业向所在地派出机构备案。

国家能源局派出机构监管范围内工期两年以上的电力建设工程，其电力建设单位向所在地派出机构备案。

（三）政府其他有关部门对应急预案有备案要求的，同时报备。

第十五条　国家能源局建立应急预案互联网报备管理系统。电力企业进行应急预案备案时，应先登录预案报备管理系统进行网上申请，填写应急预案备案申请表（附表 6），并提交以下材料：

（一）本单位应急预案目录；

（二）应急预案形式评审表（附表 1）、应急预案评审意见表（附表 5）的扫描件；

（三）应急预案发布相关文件的扫描件。

第十六条　家能源局及其派出机构通过应急预案互联网报备管理系统对电力企业提交的申请按下列规定办理：

（一）申请材料不齐全或者不符合要求的，应当在 10 个工作日内一次性告知申请单位需要补正的全部内容；

（二）申请材料齐全，符合要求或者按照要求全部补齐的，自收到申请材料或者全部补齐材料之日起即为受理。

第十七条　国家能源局及其派出机构应当自受理电力企业应急预案备案申请之日起，对申请材料进行备案审查，并于 15 个工作日内提出审查意见，决定是否准予备案登记。

对于予以备案登记的，应当通知申请单位，并说明需要报送的应急预案；对于不予备案登记的，应当要求企业完善后重新备案。

第十八条　力企业接到予以备案登记的通知后，应及时将以下材料刻盘并送至国家能源局或其派出机构：

（一）应急预案备案申请表；

（二）应急预案目录；

（三）应急预案形式评审表的扫描件；

（四）专家评审意见的扫描件；

（五）应急预案发布相关文件的扫描件；

（六）需要报送的应急预案的电子文档。

第十九条　家能源局及其派出机构将电力企业应急预案报备材料存档，并出具《电力企业应急预案登记表》（见附表 7），同时在应急预案互联网报备管理系统上录入登记信息。

办理备案登记及审查不得收取任何费用。

第二十条　《电力企业应急预案备案登记表》由备案部门和电力企业分别存档。

第二十一条　电力企业每三年至少对本单位应急预案进行一次修订。修订时，涉及应急指挥体系与职责、应急处置程序、主要处置措施、事件分级标准等关键要素的，修订工作应参照《电力企业应急预案管理办法》以及本细则规定的预案编制、评审与发布、备案程序组织进行。仅涉及一般要素的，修订程序可根据情况适当简化。

第四章　附　　则

第二十二条　本细则下列用语的含义：

（一）关键要素，是指应急预案构成要素中必须规范的内容。这些要素涉及电力企业应急管理的关键环节，具体包括危险源辨识与风险分析、组织机构及职责、信息报告与处置和应急响应程序与处置技术等要素。

（二）一般要素，是指应急预案构成要素中可简写或省略的内容。

这些要素不涉及电力企业应急管理的关键环节，具体包括应急预案中的编制目的、编制依据、工作原则、单位概况等要素。

第二十三条　《电力企业应急预案备案申请表》和《电力企业应急预案备案登记表》由国家能源局统一制定。

第二十四条　本细则自发布之日起施行。

国家电网公司应急预案编制规范

1 范围

1.1 为了加强公司安全生产事故和其他各类突发事件应急预案的编制与管理，规范应急预案的编制程序、框架内容和基本要素，促进应急预案体系的规范化、制度化、标准化建设，制定本规范。

1.2 公司系统各单位结合本单位的生产规模、安全基础、应急能力等实际情况，可以对本规范提出的应急预案框架内容和本要素进行适当调整。

2 依据

本规范依据《生产经营单位安全生产事故应急预案编制导则》（AQ/T 9002—2006）、《国务院有关部门和单位制定和修订突发事件应急预案框架指南》《国家电网公司应急管理工作规定》等制定。

3 术语和定义

下列术语和定义适用于本规范。

3.1 危险源 hazard

可能导致伤害或疾病、财产损失、工作环境破坏或这些情况组合的根源或状态。

3.2 危险源辨识 hazard identification

识别危险源的存在并确定其特性的过程。

3.3 风险 risk

某一特定危险情况发生的可能性和后果的组合。

3.4 风险评估

对事故发生的可能性和后果进行分析与评估，给出风险度量。

3.5 应急预案

针对可能发生的事故，为迅速、有序地开展应急行动而预先制定的行动方案。

3.6　应急准备

针对可能发生的事故，为迅速、有序地开展应急行动而预先进行的组织准备和应急保障。

3.7　应急响应

事故发生后，有关组织或人员采取的应急行动。

3.8　应急救援

在应急响应过程中，为消除、减少事故危害，防止事故扩大或恶化，最大限度地降低事故造成的损失或危害而采取的救援措施或行动。

3.9　恢复

事故的影响得到初步控制后，为使生产、工作、生活和生态环境尽快恢复到正常状态而采取的措施或行动。

4　应急预案编制

4.1　应急预案编制准备

在编制应急预案前，应认真做好编制准备工作，全面分析本单位危险因素，预测可能发生的事故类型及其危害程度，确定事故危险源，进行风险分析和评估，针对事故危险源和存在的问题，客观评价本单位应急能力，确定相应的防范和应对措施。

4.2　应急预案编制工作组

针对可能发生的事故类别，结合本单位部门职能分工，成立以本单位主要负责人（或分管负责任人）为领导的应急预案编制工作组，明确编制任务、职责分工，制定编制工作计划。

4.3　应急预案编制

4.3.1　广泛收集编制应急预案所需的各种资料，包括相关法律法规、应急预案、技术标准、国内外同行业事故案例分析、本单位技术资料等。

4.3.2　立足本单位应急管理基础和现状，对本单位应急装备、应急队伍等应急能力进行评估，充分利用本单位现有应急资源，建立科学有效的应急预案体系。

4.3.3　应急预案编制过程中，对于机构设置、预案流程、职责划分等具体环节，应符合本单位实际情况和特点，保证预案的适应性、可操作性和有效性。

4.3.4　应急预案编制过程中，应注重相关人员的参与和培训，使所有与事故有关人员均掌握危险源的危害性、应急处置方案和技能。

4.3.5　编制的应急预案，应符合国家应急救援相关法律法规；符合公司应急管理工作规定及相关应急预案；符合电网安全生产特点及本单位工作实际；与上级单位应急预案、地方政府相关应急预案衔接；编写格式规范、统一。

4.4　应急预案评审与发布

应急预案编制完成后，应进行预案评审。评审由本单位主要负责人（或分管负责人）组织有关部门和人员进行。评审后，由本单位主要负责人（或分管负责人）签署发布，并按规定报上级主管单位、地方政府部门备案。

4.5　应急预案修订与更新

公司系统各单位应根据应急法律法规和有关标准变化情况、电网安全性评价和企业安全风险评估结果、应急处置经验教训等，及时评估、修改与更新应急预案，不断增强应急预案的科学性、针对性、实效性和可操作性，提高应急预案质量，完善应急预案体系。

5　应急预案体系结构

5.1　应急预案体系

5.1.1　公司系统各单位应针对电网安全、人身安全、设备设施安全、网络与信息安全、社会安全等各类事故或事件，编制相应的应急预案，明确事前、事发、事中、事后各个阶段相关部门和有关人员的职责，形成公司上下对应、相互衔接、完善健全的应急预案体系。

5.1.2　国家电网公司依据有关法律法规及国家有关部门要求，结合公司应急管理工作需要，制定公司层面的综合应急预案及应急管理规章制度，明确应急处置方针、政策、原则，应急组织结构及相关职责，应急行动、措施和保障等基本要求和程序，建立公司应急管理规章制度和预案体系。

5.1.3　国家电网公司、各区域电网公司、省（自治区、直辖市）电力公司、国家电网公司直属公司、地（市）供电公司、县供电公司、发电企业，结合各自职责范围，参照公司应急预案体系结构（见附录 C），编制各级各类应急预案，包括综合应急预案、专项应急预案和现场应急处置方案。

5.2　综合应急预案

综合应急预案是从总体上阐述公司处置事故和突发事件的应急方针、政策，应急组织结构及相关应急职责，应急行动、措施和保障等基本要求和程序，是应对各类事故和突发事件的综合性文件（如：电网大面积停电事件应急预案、重要城市电网大面积停电事件应急预案、突发事件信息报告与新闻发布应急预案等）。

5.3　专项应急预案

专项应急预案是针对具体的、特定类型的紧急情况而制定的应急预案，说明单一应急行动的目的和范围，通过危险源辨识，制定处置措施，程序内容具体详细，是综合应急预案的组成部分。

5.4 现场处置方案

现场处置方案是针对具体的装置、场所或设施、岗位所制定的应急处置措施。现场处置方案应具体、简单、针对性强。现场处置方案应根据风险评估及危险性控制措施逐一编制，做到事故相关人员应知应会，熟练掌握，并通过应急演练，做到迅速反应、正确。

6 综合应急预案框架内容

6.1 总则

6.1.1 编制目的

简述应急预案的编制目的、作用等。

6.1.2 编制依据

简述应急预案编制所依据的法律法规、规章，以及有关管理规定、技术规范和标准、应急预案等。

6.1.3 适用范围

说明应急预案的适用范围，以及所涉及的事故类型、级别等。

6.1.4 工作原则

说明应急处置的基本原则，内容应简明扼要、明确具体（如：预防为主、统一指挥、分层分区、保障重点、加强引导、依靠科技等）。

6.2 组织机构及职责

6.2.1 应急组织体系

6.2.1.1 明确应急组织形式，构成单位、部门或人员，并尽可能以结构图的形式表现出来。

6.2.1.2 应急组织体系建立应立足本单位现有组织体系设立，应尽可能避免机构上的重复交叉设置，并且应急职责分工应与部门职能设置相符合。

6.2.2　应急领导小组及职责

明确应急领导小组（指挥机构）组长、副组长、各成员单位或部门组成人员及其职责。应急领导小组根据事故类型和应急工作需要，可以下设应急办公室，并明确应急办公室的职责。

6.2.3　应急工作小组及职责

根据事故类型和应急工作需要，按照"谁主管、谁负责"原则，设置相应的应急工作小组（如：电网恢复、事故抢修、新闻发布、通信保障、后勤保障、治安保卫等应急工作组），并明确各小组的工作任务及职责。

6.3　事件定义

6.3.1　事件分级

针对事故危害程度、影响范围、损失情况和本单位控制事态的能力，将事故分为不同等级的事件（如：Ⅰ级停电事件、Ⅱ级停电事件等）。

6.3.2　事件定义

6.3.2.1　根据事故类型和影响范围、损失情况等，对每级事件给出具体的界定标准。

6.3.2.2　事件定义应符合事故类型及特点，界定标准应简单明了、便于掌握。

6.4　应急响应

6.4.1　信息报告

明确事故信息来源、接收和报告程序，明确事故发生后向上级单位和地方政府报告事故信息的流程、方式、方法、内容和时限等。

6.4.2　分级响应

根据事件定义和分级，针对事故危害程度、影响范围和单位控制事态的能力，按照分级负责的原则，明确相应的应急响应级别。

6.4.3　应急响应

根据事件级别和发展态势，明确应急指挥、应急行动、资源调配、应急避险、扩大应急的响应程序。

6.4.4　应急结束

明确应急结束的条件或状态，以及确定应急结束的程序、机构或人员。应急结束应区别于现场抢救和灾后恢复的结束。

6.5　信息发布

明确信息发布的机构，发布原则。事故信息应由事故现场指挥部及时准确向新闻媒体通报。

6.6　后期处置

主要包括生产秩序恢复、善后赔偿、灾后重建、应急能力评估、应急预案修订等内容。

6.7　保障措施

6.7.1　通信与信息保障

明确与应急工作相关联的单位或人员通信联系方式和方法，并提供备用方案。建立信息通信系统及维护方案，确保应急期间信息通畅。

6.7.2　应急队伍保障

明确各类应急响应的人力资源，包括专业应急队伍、兼职应急队伍、应急专家组的组织与保障方案。

6.7.3　应急物资装备保障

明确应急处置需要使用的应急物资和装备的类型、数量、性能、存放位置、管理责任人及其联系方式等内容。

6.7.4　经费保障

明确应急专项经费来源、使用范围、数量和监督管理措施，保障应急状态时，应急经费的及时到位。

6.7.5　其他保障

根据应急工作需求而确定的其它相关保障措施（如：交通运输保障、治安保障、技术保障、医疗保障、后勤保障等）。

6.8　培训与演练

6.8.1　培训

明确对本单位人员开展的应急培训计划、方式和要求，对公众和社会开展的电力安全和应急知识宣传教育等工作。

6.8.2　演练

明确应急演练的规模、方式、频次、范围、内容、组织、评估、总结等内容。

6.9　奖惩

按照有关规定，明确事故应急处置工作中奖励和处罚的条件和内容。

6.10　附则

6.10.1　术语和定义

对应急预案涉及的一些术语进行定义。

6.10.2　应急预案备案

明确本应急预案的报备部门。

6.10.3　维护和更新

明确应急预案维护和更新的基本要求，定期进行评审，实现可持续改进。

6.10.4　制定与解释

明确应急预案负责制定与解释的部门。

6.10.5　应急预案实施

明确应急预案实施的具体时间。

7　专项应急预案框架内容

7.1　范围与依据

7.1.1　明确本专项应急预案针对的事故类型、适用范围、编制依据等。

7.1.2　在危险源辨识和风险评估的基础上，对事故发生的条件及其严重程度进行确定。

7.2　应急处置基本原则

明确应急处置应当遵循的基本原则。

7.3　组织机构及责任

7.3.1　应急组织体系

明确应急组织形式，构成部门或人员，并尽可能以结构图的形式表示出来。

7.3.2　指挥机构及职责

根据事故类型，明确应急救援指挥机构总指挥、副总指挥以及各组成人员的具体职责。应急救援指挥机构可以设置相应的应急处置工作小组，明确各小组的工作任务及主要负责人职责。

7.4　预防与预警

7.4.1　危险源监控

明确本单位对危险源监测监控的方式、方法，以及采取的预防措施。

7.4.2　预警行动

明确具体类型事故预警的条件、方式、方法和信息的发布程序。

7.5　信息报告程序

明确信息报警的条件、程序、方式、方法、内容和时限等；明确与相关部门的通信、联络方式。

7.6　应急处置

7.6.1　响应分级

针对事故危害程度、影响范围和单位控制事态的能力，将事故分为不同的等级。按照分级负责的原则，明确应急响应级别。

7.6.2　响应程序

根据事故的大小和发展态势，明确应急指挥、应急行动、资源调配、应急避险、扩大应急等相应程序。

7.6.3　处置措施

针对本单位事故类别和可能发生的事故特点、危险性，制定的应急处置措施（如：电力设施毁坏、变电站停电、电缆着火等事故应急处置措施）。

7.7　应急物资与装备保障

明确应急处置所需的物资与装备数量、管理和维护、正确使用等。

8　现场处置方案框架内容

8.1　事故特征

主要包括：

a）危险性分析，可能发生的事故类型；

b）事故发生的地点或设备的名称；

c）事故可能发生的季节和造成的危害程度；

d）事故前可能出现的征兆。

8.2　应急组织与职责

主要包括：

a）基层单位应急自救组织形式及人员构成情况；

b）应急自救组织机构、人员的具体职责，应同单位或车间、班组人员工作职责精密结合，明确相关岗位和人员的应急工作职责。

8.3　应急处置

主要包括以下内容：

a）事故应急处置程序。根据可能发生的事故类别及现场情况，明确事故报警、各项应急措施启动、应急救护人员的引导、事故扩大及同企业应急预案的衔接的程序。

b）现场应急处置措施。针对可能发生的设施毁坏、设备着火、爆炸、水患、重要用户停电等，从现场处置、事故控制、人员救护、消防、停电恢复等方面制定明确的应急处置措施。

c）报警电话及上级管理部门、相关应急救援单位联络方式和联系人员，事故报告的基本要求和内容。

8.4　注意事项

主要包括：

a）佩带个人防护器具方面的注意事项；

b）使用抢险救援器材方面的注意事项；

c）采取救援对策或措施方面的注意事项；

d）现场自救或互救注意事项；

e）现场应急处置能力确认和人员安全防护等事项；

f）应急救援结束后的注意事项；

g）其他需要特别警示的事项。

9　附件

9.1　有关应急部门、机构或人员的联系方式列出应急工作中要联系的部门、机构或人员的多种联系方式，并不断进行更新。

9.2　重要物资装备的名单或清单

列出应急预案涉及的重要物资和装备名称、型号、存放地和联系电话等。

9.3 规范化格式文本

信息接收、处理、上报等规范化格式文本。

9.4 关键的路线、标识和图纸

主要包括：

a）警报系统分布及覆盖范围；

b）重要防护目标一览表、分布图；

c）应急救援指挥位置及救援队伍行动路线；

d）疏散路线、重要地点等标识；

e）相关平面布置图纸、救援力量的分布图纸等。

9.5 相关应急预案名录

列出直接与本应急预案相关的或相衔接的应急预案名称。

9.6 有关协议或备忘录

与相关应急救援部门签订的应急支援协议或备忘录。

附录 A 应急预案编制格式和要求

A.1 封面

应急预案封面主要包括应急预案编号、应急预案版本号、位名称、应急预案名称、发布日期等内容。

A.2 批准页

应急预案编写人、审查人、批准人等。

A.3 目次

应急预案应设置目次，目次中所列内容及次序如下：批准页；章的编号、标题；

带有标题的条的编号、标题（需要时列出）；

附件，用序号表明其顺序。

A.4 印刷与装订

应急预案采用 A4 版面印刷，活页装订。处置。

附录 B 国家电网应急组织体系结构

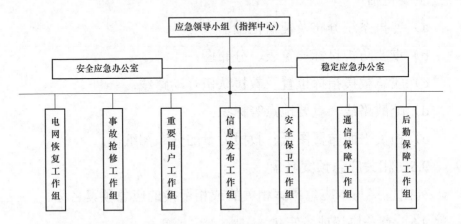

附录 C 国家电网公司应急预案体系结构

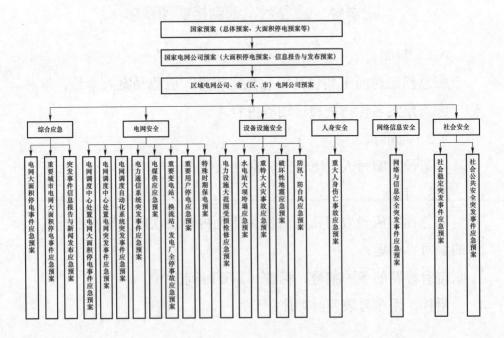

第8章

专项应急预案主要内容

8.1　事故风险分析

针对可能发生的事故风险，分析事故发生的可能性以及严重程度、影响范围等。

8.2　应急指挥机构及职责

根据事故类型，明确应急指挥机构总指挥、副总指挥以及各成员单位或人员的具体职责。应急指挥机构可以设置相应的应急救援工作小组，明确各小组的工作任务及主要负责人职责。

8.3　处置程序

明确事故及事故险情信息报告程序和内容、报告方式和责任人等内容。根据事故响应级别，具体描述事故接警报告和记录、应急指挥机构启动、应急指挥、资源调配、应急救援、扩大应急等应急响应程序。

8.4　处置措施

针对可能发生的事故风险、事故危害程度和影响范围，制定相应的应急处置措施，明确处置原则和具体要求。

附件：现行制度文件

突发事件应急预案管理办法

第一章　总　　则

第一条　为规范突发事件应急预案（以下简称应急预案）管理，增强应急预案的针对性、实用性和可操作性，依据《中华人民共和国突发事件应对法》等法律、行政法规，制订本办法。

第二条　本办法所称应急预案，是指各级人民政府及其部门、基层组织、企事业单位、社会团体等为依法、迅速、科学、有序应对突发事件，最大程度减少突发事件及其造成的损害而预先制定的工作方案。

第三条　应急预案的规划、编制、审批、发布、备案、演练、修订、培训、宣传教育等工作，适用本办法。

第四条　应急预案管理遵循统一规划、分类指导、分级负责、动态管理的原则。

第五条　应急预案编制要依据有关法律、行政法规和制度，紧密结合实际，合理确定内容，切实提高针对性、实用性和可操作性。

第二章　分类和内容

第六条　应急预案按照制定主体划分，分为政府及其部门应急预案、单位和基层组织应急预案两大类。

第七条　政府及其部门应急预案由各级人民政府及其部门制定，包括总体应急预案、专项应急预案、部门应急预案等。

总体应急预案是应急预案体系的总纲，是政府组织应对突发事件的总体制度安排，由县级以上各级人民政府制定。

专项应急预案是政府为应对某一类型或某几种类型突发事件，或者针对重要目标物保护、重大活动保障、应急资源保障等重要专项工作而预先制定的涉及多个部门职责的工作方案，由有关部门牵头制订，报本级人民政府批准后印发实施。

部门应急预案是政府有关部门根据总体应急预案、专项应急预案和部门职责，为应对本部门（行业、领域）突发事件，或者针对重要目标物保护、重大活动保障、应急资源保障等涉及部门工作而预先制定的工作方案，由各级政府有关部门制定。

鼓励相邻、相近的地方人民政府及其有关部门联合制定应对区域性、流域性突发事件的联合应急预案。

第八条 总体应急预案主要规定突发事件应对的基本原则、组织体系、运行机制，以及应急保障的总体安排等，明确相关各方的职责和任务。

针对突发事件应对的专项和部门应急预案，不同层级的预案内容各有所侧重。国家层面专项和部门应急预案侧重明确突发事件的应对原则、组织指挥机制、预警分级和事件分级标准、信息报告要求、分级响应及响应行动、应急保障措施等，重点规范国家层面应对行动，同时体现政策性和指导性；省级专项和部门应急预案侧重明确突发事件的组织指挥机制、信息报告要求、分级响应及响应行动、队伍物资保障及调动程序、市县级政府职责等，重点规范省级层面应对行动，同时体现指导性；市县级专项和部门应急预案侧重明确突发事件的组织指挥机制、风险评估、监测预警、信息报告、应急处置措施、队伍物资保障及调动程序等内容，重点规范市（地）级和县级层面应对行动，体现应急处置的主体职能；乡镇街道专项和部门应急预案侧重明确突发事件的预警信息传播、组织先期处置和自救互救、信息收集报告、人员临时安置等内容，重点规范乡镇层面应对行动，体现先期处置特点。

针对重要基础设施、生命线工程等重要目标物保护的专项和部门应急预案，侧重明确风险隐患及防范措施、监测预警、信息报告、应急处置和紧急恢复等内容。

针对重大活动保障制定的专项和部门应急预案，侧重明确活动安全风险隐患及防范措施、监测预警、信息报告、应急处置、人员疏散撤离组织和路线等内容。

针对为突发事件应对工作提供队伍、物资、装备、资金等资源保障的专项和部门应急预案，侧重明确组织指挥机制、资源布局、不同种类和级别突发事件发生后的资源调用程序等内容。

联合应急预案侧重明确相邻、相近地方人民政府及其部门间信息通报、处置措施衔接、应急资源共享等应急联动机制。

第九条　单位和基层组织应急预案由机关、企业、事业单位、社会团体和居委会、村委会等法人和基层组织制定，侧重明确应急响应责任人、风险隐患监测、信息报告、预警响应、应急处置、人员疏散撤离组织和路线、可调用或可请求援助的应急资源情况及如何实施等，体现自救互救、信息报告和先期处置特点。

大型企业集团可根据相关标准规范和实际工作需要，参照国际惯例，建立本集团应急预案体系。

第十条　政府及其部门、有关单位和基层组织可根据应急预案，并针对突发事件现场处置工作灵活制定现场工作方案，侧重明确现场组织指挥机制、应急队伍分工、不同情况下的应对措施、应急装备保障和自我保障等内容。

第十一条　政府及其部门、有关单位和基层组织可结合本地区、本部门和本单位具体情况，编制应急预案操作手册，内容一般包括风险隐患分析、处置工作程序、响应措施、应急队伍和装备物资情况，以及相关单位联络人员和电话等。

第十二条 对预案应急响应是否分级、如何分级、如何界定分级响应措施等，由预案制定单位根据本地区、本部门和本单位的实际情况确定。

第三章 预 案 编 制

第十三条 各级人民政府应当针对本行政区域多发易发突发事件、主要风险等，制定本级政府及其部门应急预案编制规划，并根据实际情况变化适时修订完善。

单位和基层组织可根据应对突发事件需要，制定本单位、本基层组织应急预案编制计划。

第十四条 应急预案编制部门和单位应组成预案编制工作小组，吸收预案涉及主要部门和单位业务相关人员、有关专家及有现场处置经验的人员参加。编制工作小组组长由应急预案编制部门或单位有关负责人担任。

第十五条 编制应急预案应当在开展风险评估和应急资源调查的基础上进行。

（一）风险评估。针对突发事件特点，识别事件的危害因素，分析事件可能产生的直接后果以及次生、衍生后果，评估各种后果的危害程度，提出控制风险、治理隐患的措施。

（二）应急资源调查。全面调查本地区、本单位第一时间可调用的应急队伍、装备、物资、场所等应急资源状况和合作区域内可请求援助的应急资源状况，必要时对本地居民应急资源情况进行调查，为制定应急响应措施提供依据。

第十六条　政府及其部门应急预案编制过程中应当广泛听取有关部门、单位和专家的意见，与相关的预案作好衔接。涉及其他单位职责的，应当书面征求相关单位意见。必要时，向社会公开征求意见。

单位和基层组织应急预案编制过程中，应根据法律、行政法规要求或实际需要，征求相关公民、法人或其他组织的意见。

第四章　审批、备案和公布

第十七条　预案编制工作小组或牵头单位应当将预案送审稿及各有关单位复函和意见采纳情况说明、编制工作说明等有关材料报送应急预案审批单位。因保密等原因需要发布应急预案简本的，应当将应急预案简本一起报送审批。

第十八条　应急预案审核内容主要包括预案是否符合有关法律、行政法规，是否与有关应急预案进行了衔接，各方面意见是否一致，主体内容是否完备，责任分工是否合理明确，应急响应级别设计是否合理，应对措施是否具体简明、管用可行等。必要时，应急预案审批单位可组织有关专家对应急预案进行评审。

第十九条　国家总体应急预案报国务院审批，以国务院名义印发；专项应急预案报国务院审批，以国务院办公厅名义印发；部门应急预案由部门有关会议审议决定，以部门名义印发，必要时，可以由国务院办公厅转发。

地方各级人民政府总体应急预案应当经本级人民政府常务会议审议，以本级人民政府名义印发；专项应急预案应当经本级人民政府审批，必要时经本级人民政府常务会议或专题会议审议，以本级人民政府办公厅（室）名义印发；部门应急预案应当经部门有关会议审议，以部门名义印发，必要时，可以由本级人民政府办公厅（室）转发。

单位和基层组织应急预案须经本单位或基层组织主要负责人或分管负责人签发，审批方式根据实际情况确定。

第二十条 应急预案审批单位应当在应急预案印发后的20个工作日内依照下列规定向有关单位备案：

（一）地方人民政府总体应急预案报送上一级人民政府备案。

（二）地方人民政府专项应急预案抄送上一级人民政府有关主管部门备案。

（三）部门应急预案报送本级人民政府备案。

（四）涉及需要与所在地政府联合应急处置的中央单位应急预案，应当向所在地县级人民政府备案。

法律、行政法规另有规定的从其规定。

第二十一条 自然灾害、事故灾难、公共卫生类政府及其部门应急预案，应向社会公布。对确需保密的应急预案，按有关规定执行。

第五章 应 急 演 练

第二十二条 应急预案编制单位应当建立应急演练制度，根据实际情况采取实战演练、桌面推演等方式，组织开展人员广泛参与、处置联动性强、形式多样、节约高效的应急演练。

专项应急预案、部门应急预案至少每3年进行一次应急演练。

地震、台风、洪涝、滑坡、山洪泥石流等自然灾害易发区域所在地政府，重要基础设施和城市供水、供电、供气、供热等生命线工程经营管理单位，矿山、建筑施工单位和易燃易爆物品、危险化学品、放射性物品等危险物品生产、经营、储运、使用单位，公共交通工具、公共场所和医院、学校等人员密集场所的经营单位或者管理单位等，应当有针对性地经常组织开展应急演练。

第二十三条 应急演练组织单位应当组织演练评估。评估的主要内容包括：演练的执行情况，预案的合理性与可操作性，指挥协调和应急联动情况，应急人员的处置情况，演练所用设备装备的适用性，对完善预案、应急准备、应急机制、应急措施等方面的意见和建议等。

鼓励委托第三方进行演练评估。

第六章 评估和修订

第二十四条 应急预案编制单位应当建立定期评估制度，分析评价预案内容的针对性、实用性和可操作性，实现应急预案的动态优化和科学规范管理。

第二十五条 有下列情形之一的，应当及时修订应急预案：

（一）有关法律、行政法规、规章、标准、上位预案中的有关规定发生变化的；

（二）应急指挥机构及其职责发生重大调整的；

（三）面临的风险发生重大变化的；

（四）重要应急资源发生重大变化的；

（五）预案中的其他重要信息发生变化的；

（六）在突发事件实际应对和应急演练中发现问题需要作出重大调整的；

（七）应急预案制定单位认为应当修订的其他情况。

第二十六条 应急预案修订涉及组织指挥体系与职责、应急处置程序、主要处置措施、突发事件分级标准等重要内容的，修订工作应参照本办法规定的预案编制、审批、备案、公布程序组织进行。仅涉及其他内容的，修订程序可根据情况适当简化。

第二十七条 各级政府及其部门、企事业单位、社会团体、公民等，可以向有关预案编制单位提出修订建议。

第七章　培训和宣传教育

第二十八条　应急预案编制单位应当通过编发培训材料、举办培训班、开展工作研讨等方式，对与应急预案实施密切相关的管理人员和专业救援人员等组织开展应急预案培训。

各级政府及其有关部门应将应急预案培训作为应急管理培训的重要内容，纳入领导干部培训、公务员培训、应急管理干部日常培训内容。

第二十九条　对需要公众广泛参与的非涉密的应急预案，编制单位应当充分利用互联网、广播、电视、报刊等多种媒体广泛宣传，制作通俗易懂、好记管用的宣传普及材料，向公众免费发放。

第八章　组　织　保　障

第三十条　各级政府及其有关部门应对本行政区域、本行业（领域）应急预案管理工作加强指导和监督。国务院有关部门可根据需要编写应急预案编制指南，指导本行业（领域）应急预案编制工作。

第三十一条　各级政府及其有关部门、各有关单位要指定专门机构和人员负责相关具体工作，将应急预案规划、编制、审批、发布、演练、修订、培训、宣传教育等工作所需经费纳入预算统筹安排。

第九章　附　　则

第三十二条　国务院有关部门、地方各级人民政府及其有关部门、大型企业集团等可根据实际情况，制定相关实施办法。

第三十三条　本办法由国务院办公厅负责解释。

第三十四条　本办法自印发之日起施行。

国家大面积停电事件应急预案

第一章 总 则

1. 编制目的

建立健全大面积停电事件应对工作机制，提高应对效率，最大程度减少人员伤亡和财产损失，维护国家安全和社会稳定。

2. 编制依据

依据《中华人民共和国突发事件应对法》《中华人民共和国安全生产法》《中华人民共和国电力法》《生产安全事故报告和调查处理条例》《电力安全事故应急处置和调查处理条例》《电网调度管理条例》《国家突发公共事件总体应急预案》及相关法律法规等，制定本预案。

3. 适用范围

本预案适用于我国境内发生的大面积停电事件应对工作。大面积停电事件是指由于自然灾害、电力安全事故和外力破坏等原因造成区域性电网、省级电网或城市电网大量减供负荷，对国家安全、社会稳定以及人民群众生产生活造成影响和威胁的停电事件。

4. 工作原则

大面积停电事件应对工作坚持统一领导、综合协调，属地为主、分工负责，保障民生、维护安全，全社会共同参与的原则。大面积停电事件发生后，地方人民政府及其有关部门、能源局相关派出机构、电力企业、重要电力用户应立即按照职责分工和相关预案开展处置工作。

5. 事件分级

按照事件严重性和受影响程度，大面积停电事件分为特别重大、重大、较大和一般四级。分级标准见附件 1。

第二章　组　织　体　系

1. 国家层面组织指挥机构

能源局负责大面积停电事件应对的指导协调和组织管理工作。当发生重大、特别重大大面积停电事件时，能源局或事发地省级人民政府按程序报请国务院批准，或根据国务院领导同志指示，成立国务院工作组，负责指导、协调、支持有关地方人民政府开展大面积停电事件应对工作。必要时，由国务院或国务院授权发展改革委成立国家大面积停电事件应急指挥部，统一领导、组织和指挥大面积停电事件应对工作。应急指挥部组成及工作组职责见附件 2。

2. 地方层面组织指挥机构

县级以上地方人民政府负责指挥、协调本行政区域内大面积停电事件应对工作，要结合本地实际，明确相应组织指挥机构，建立健全应急联动机制。

发生跨行政区域的大面积停电事件时，有关地方人民政府应根据需要建立跨区域大面积停电事件应急合作机制。

3. 现场指挥机构

负责大面积停电事件应对的人民政府根据需要成立现场指挥部，负责现场组织指挥工作。参与现场处置的有关单位和人员应服从现场指挥部的统一指挥。

4. 电力企业

电力企业（包括电网企业、发电企业等，下同）建立健全应急指挥机构，在政府组织指挥机构领导下开展大面积停电事件应对工作。电网调度工作按照《电网调度管理条例》及相关规程执行。

5. 专家组

各级组织指挥机构根据需要成立大面积停电事件应急专家组，成员由电力、气象、地质、水文等领域相关专家组成，对大面积停电事件应对工作提供技术咨询和建议。

第三章 监测预警和信息报告

1. 监测和风险分析

电力企业要结合实际加强对重要电力设施设备运行、发电燃料供应等情况的监测，建立与气象、水利、林业、地震、公安、交通运输、国土资源、工业和信息化等部门的信息共享机制，及时分析各类情况对电力运行可能造成的影响，预估可能影响的范围和程度。

2. 预警

（1）预警信息发布。

电力企业研判可能造成大面积停电事件时，要及时将有关情况报告受影响区域地方人民政府电力运行主管部门和能源局相关派出机构，提出预警信息发布建议，并视情通知重要电力用户。地方人民政府电力运行主管部门应及时组织研判，必要时报请当地人民政府批准后向社会公众发布预警，并通报同级其他相关部门和单位。当可能发生重大以上大面积停电事件时，中央电力企业同时报告能源局。

（2）预警行动。

预警信息发布后，电力企业要加强设备巡查检修和运行监测，采取有效措施控制事态发展；组织相关应急救援队伍和人员进入待命状态，动员后备人员做好参加应急救援和处置工作准备，并做好大面积停电事件应急所需物资、装备和设备等应急保障准备工作。

重要电力用户做好自备应急电源启用准备。受影响区域地方人民政府启动应急联动机制，组织有关部门和单位做好维持公共秩序、供水供气供热、商品供应、交通物流等方面的应急准备；加强相关舆情监测，主动回应社会公众关注的热点问题，及时澄清谣言传言，做好舆论引导工作。

（3）预警解除。

根据事态发展，经研判不会发生大面积停电事件时，按照"谁发布、谁解除"的原则，由发布单位宣布解除预警，适时终止相关措施。

（4）信息报告。

大面积停电事件发生后，相关电力企业应立即向受影响区域地方人民政府电力运行主管部门和能源局相关派出机构报告，中央电力企业同时报告能源局。

事发地人民政府电力运行主管部门接到大面积停电事件信息报告或者监测到相关信息后，应当立即进行核实，对大面积停电事件的性质和类别作出初步认定，按照国家规定的时限、程序和要求向上级电力运行主管部门和同级人民政府报告，并通报同级其他相关部门和单位。地方各级人民政府及其电力运行主管部门应当按照有关规定逐级上报，必要时可越级上报。能源局相关派出机构接到大面积停电事件报告后，应当立即核实有关情况并向能源局报告，同时通报事发地县级以上地方人民政府。对初判为重大以上的大面积停电事件，省级人民政府和能源局要立即按程序向国务院报告。

第四章 应 急 响 应

1. 响应分级

根据大面积停电事件的严重程度和发展态势，将应急响应设定为Ⅰ级、Ⅱ级、Ⅲ级和Ⅳ级四个等级。初判发生特别重大大面积停电事件，启动Ⅰ级应急响应，由事发地省级人民政府负责指挥应对工作。必要时，由国务院或国务院授权发展改革委成立国家大面积停电事件应急指挥部，统一领导、组织和指挥大面积停电事件应对工作。初判发生重大大面积停电事件，启动Ⅱ级应急响应，由事发地省级人民政府负责指挥应对工作。初判发生较大、一般大面积停电事件，分别启动Ⅲ级、Ⅳ级应急响应，根据事件影响范围，由事发地县级或市级人民政府负责指挥应对工作。

对于尚未达到一般大面积停电事件标准，但对社会产生较大影响的其他停电事件，地方人民政府可结合实际情况启动应急响应。

应急响应启动后，可视事件造成损失情况及其发展趋势调整响应级别，避免响应不足或响应过度。

2. 响应措施

大面积停电事件发生后，相关电力企业和重要电力用户要立即实施先期处置，全力控制事件发展态势，减少损失。各有关地方、部门和单位根据工作需要，组织采取以下措施。

（1）抢修电网并恢复运行。

电力调度机构合理安排运行方式，控制停电范围；尽快恢复重要输变电设备、电力主干网架运行；在条件具备时，优先恢复重要电力用户、重要城市和重点地区的电力供应。

电网企业迅速组织力量抢修受损电网设备设施，根据应急指挥机构要求，向重要电力用户及重要设施提供必要的电力支援。

发电企业保证设备安全，抢修受损设备，做好发电机组并网运行准备，按照电力调度指令恢复运行。

（2）防范次生衍生事故。

重要电力用户按照有关技术要求迅速启动自备应急电源，加强重大危险源、重要目标、重大关键基础设施隐患排查与监测预警，及时采取防范措施，防止发生次生衍生事故。

（3）保障居民基本生活。

启用应急供水措施，保障居民用水需求；采用多种方式，保障燃气供应和采暖期内居民生活热力供应；组织生活必需品的应急生产、调配和运输，保障停电期间居民基本生活。

（4）维护社会稳定。

加强涉及国家安全和公共安全的重点单位安全保卫工作，严密防范和严厉打击违法犯罪活动。加强对停电区域内繁华街区、大型居民区、大型商场、学校、医院、金融机构、机场、城市轨道交通设施、车站、码头及其他重要生产经营场所等重点地区、重点部位、人员密集场所的治安巡逻，及时疏散人员，解救被困人员，防范治安事件。加强交通疏导，维护道路交通秩序。尽快恢复企业生产经营活动。严厉打击造谣惑众、囤积居奇、哄抬物价等各种违法行为。

（5）加强信息发布。

按照及时准确、公开透明、客观统一的原则，加强信息发布和舆论引导，主动向社会发布停电相关信息和应对工作情况，提示相关注意事项和安保措施。加强舆情收集分析，及时回应社会关切，澄清不实信息，正确引导社会舆论，稳定公众情绪。

（6）组织事态评估。

及时组织对大面积停电事件影响范围、影响程度、发展趋势及恢复进度进行评估，为进一步做好应对工作提供依据。

3. 国家层面应对

（1）部门应对。

初判发生一般或较大大面积停电事件时，能源局开展以下工作：

1）密切跟踪事态发展，督促相关电力企业迅速开展电力抢修恢复等工作，指导督促地方有关部门做好应对工作；

2）视情派出部门工作组赴现场指导协调事件应对等工作；

3）根据中央电力企业和地方请求，协调有关方面为应对工作提供支援和技术支持；

4）指导做好舆情信息收集、分析和应对工作。

（2）国务院工作组应对。

初判发生重大或特别重大大面积停电事件时，国务院工作组主要开展以下工作：

1）传达国务院领导同志指示批示精神，督促地方人民政府、有关部门和中央电力企业贯彻落实；

2）了解事件基本情况、造成的损失和影响、应对进展及当地需求等，根据地方和中央电力企业请求，协调有关方面派出应急队伍、调运应急物资和装备、安排专家和技术人员等，为应对工作提供支援和技术支持；

3）对跨省级行政区域大面积停电事件应对工作进行协调；

4）赶赴现场指导地方开展事件应对工作；

5）指导开展事件处置评估；

6）协调指导大面积停电事件宣传报道工作；

7）及时向国务院报告相关情况。

（3）国家大面积停电事件应急指挥部应对。

根据事件应对工作需要和国务院决策部署，成立国家大面积停电事件应急指挥部。主要开展以下工作：

1）组织有关部门和单位、专家组进行会商，研究分析事态，部署应对工作；

2）根据需要赴事发现场，或派出前方工作组赴事发现场，协调开展应对工作；

3）研究决定地方人民政府、有关部门和中央电力企业提出的请求事项，重要事项报国务院决策；

4）统一组织信息发布和舆论引导工作；

5）组织开展事件处置评估；

6）对事件处置工作进行总结并报告国务院。

4. 响应终止

同时满足以下条件时，由启动响应的人民政府终止应急响应：

（1）电网主干网架基本恢复正常，电网运行参数保持在稳定限额之内，主要发电厂机组运行稳定；

（2）减供负荷恢复 80%以上，受停电影响的重点地区、重要城市负荷恢复 90%以上；

（3）造成大面积停电事件的隐患基本消除；

（4）大面积停电事件造成的重特大次生衍生事故基本处置完成。

第五章 后 期 处 置

1. 处置评估

大面积停电事件应急响应终止后，履行统一领导职责的人民政府要及时组织对事件处置工作进行评估，总结经验教训，分析查找问题，提出改进措施，形成处置评估报告。鼓励开展第三方评估。

2. 事件调查

大面积停电事件发生后，根据有关规定成立调查组，查明事件原因、性质、影响范围、经济损失等情况，提出防范、整改措施和处理处置建议。

3. 善后处置

事发地人民政府要及时组织制订善后工作方案并组织实施。保险机构要及时开展相关理赔工作，尽快消除大面积停电事件的影响。

4. 恢复重建

大面积停电事件应急响应终止后，需对电网网架结构和设备设施进行修复或重建的，由能源局或事发地省级人民政府根据实际工作需要组织编制恢复重建规划。相关电力企业和受影响区域地方各级人民政府应当根据规划做好受损电力系统恢复重建工作。

第六章　保　障　措　施

1. 队伍保障

电力企业应建立健全电力抢修应急专业队伍，加强设备维护和应急抢修技能方面的人员培训，定期开展应急演练，提高应急救援能力。地方各级人民政府根据需要组织动员其他专业应急队伍和志愿者等参与大面积停电事件及其次生衍生灾害处置工作。军队、武警部队、公安消防等要做好应急力量支援保障。

2. 装备物资保障

电力企业应储备必要的专业应急装备及物资，建立和完善相应保障体系。国家有关部门和地方各级人民政府要加强应急救援装备物资及生产生活物资的紧急生产、储备调拨和紧急配送工作，保障支援大面积停电事件应对工作需要。鼓励支持社会化储备。

3. 通信、交通与运输保障

地方各级人民政府及通信主管部门要建立健全大面积停电事件应急通信保障体系，形成可靠的通信保障能力，确保应急期间通信联络和信息传递需要。交通运输部门要健全紧急运输保障体系，保障应急响应所需人员、物资、装备、器材等的运输；公安部门要加强交通应急管理，保障应急救援车辆优先通行；根据全面推进公务用车制度改革有关规定，有关单位应配备必要的应急车辆，保障应急救援需要。

4. 技术保障

电力行业要加强大面积停电事件应对和监测先进技术、装备的研发，制定电力应急技术标准，加强电网、电厂安全应急信息化平台建设。有关部门要为电力日常监测预警及电力应急抢险提供必要的气象、地质、水文等服务。

5. 应急电源保障

提高电力系统快速恢复能力，加强电网"黑启动"能力建设。国家有关部门和电力企业应充分考虑电源规划布局，保障各地区"黑启动"电源。电力企业应配备适量的应急发电装备，必要时提供应急电源支援。重要电力用户应按照国家有关技术要求配置应急电源，并加强维护和管理，确保应急状态下能够投入运行。

6. 资金保障

发展改革委、财政部、民政部、国资委、能源局等有关部门和地方各级人民政府以及各相关电力企业应按照有关规定，对大面积停电事件处置工作提供必要的资金保障。

第七章 附 则

1. 预案管理

本预案实施后，能源局要会同有关部门组织预案宣传、培训和演练，并根据实际情况，适时组织评估和修订。地方各级人民政府要结合当地实际制定或修订本级大面积停电事件应急预案。

2. 预案解释

本预案由能源局负责解释。

3. 预案实施时间

本预案自印发之日起实施。

附件 1

一、特别重大大面积停电事件

1. 区域性电网：减供负荷 30% 以上。

2. 省、自治区电网：负荷 20000 兆瓦以上的减供负荷 30% 以上，负荷 5000 兆瓦以上 20000 兆瓦以下的减供负荷 40% 以上。

3. 直辖市电网：减供负荷 50% 以上，或 60% 以上供电用户停电。

4. 省、自治区人民政府所在地城市电网：负荷 2000 兆瓦以上的减供负荷 60% 以上，或 70% 以上供电用户停电。

二、重大大面积停电事件

1. 区域性电网：减供负荷 10% 以上 30% 以下。

2. 省、自治区电网：负荷 20000 兆瓦以上的减供负荷 13% 以上 30% 以下，负荷 5000 兆瓦以上 20000 兆瓦以下的减供负荷 16% 以上 40% 以下，负荷 1000 兆瓦以上 5000 兆瓦以下的减供负荷 50% 以上。

3. 直辖市电网：减供负荷 20% 以上 50% 以下，或 30% 以上 60% 以下供电用户停电。

4. 省、自治区人民政府所在地城市电网：负荷 2000 兆瓦以上的减供负荷 40% 以上 60% 以下，或 50% 以上 70% 以下供电用户停电；负荷 2000 兆瓦以下的减供负荷 40% 以上，或 50% 以上供电用户停电。

5. 其他设区的市电网：负荷 600 兆瓦以上的减供负荷 60% 以上，或 70% 以上供电用户停电。

三、较大大面积停电事件

1. 区域性电网：减供负荷 7% 以上 10% 以下。

2. 省、自治区电网：负荷 20000 兆瓦以上的减供负荷 10% 以上 13% 以下，负荷 5000 兆瓦以上 20000 兆瓦以下的减供负荷 12% 以上 16% 以下，负荷 1000 兆瓦以上 5000 兆瓦以下的减供负荷 20% 以上

50%以下，负荷 1000 兆瓦以下的减供负荷 40%以上。

3. 直辖市电网：减供负荷 10%以上 20%以下，或 15%以上 30%以下供电用户停电。

4. 省、自治区人民政府所在地城市电网：减供负荷 20%以上 40%以下，或 30%以上 50%以下供电用户停电。

5. 其他设区的市电网：负荷 600 兆瓦以上的减供负荷 40%以上 60%以下，或 50%以上 70%以下供电用户停电；负荷 600 兆瓦以下的减供负荷 40%以上，或 50%以上供电用户停电。

6. 县级市电网：负荷 150 兆瓦以上的减供负荷 60%以上，或 70%以上供电用户停电。

四、一般大面积停电事件

1. 区域性电网：减供负荷 4%以上 7%以下。

2. 省、自治区电网：负荷 20000 兆瓦以上的减供负荷 5%以上 10%以下，负荷 5000 兆瓦以上 20000 兆瓦以下的减供负荷 6%以上 12%以下，负荷 1000 兆瓦以上 5000 兆瓦以下的减供负荷 10%以上 20%以下，负荷 1000 兆瓦以下的减供负荷 25%以上 40%以下。

3. 直辖市电网：减供负荷 5%以上 10%以下，或 10%以上 15%以下供电用户停电。

4. 省、自治区人民政府所在地城市电网：减供负荷 10%以上 20%以下，或 15%以上 30%以下供电用户停电。

5. 其他设区的市电网：减供负荷 20%以上 40%以下，或 30%以上 50%以下供电用户停电。

6. 县级市电网：负荷 150 兆瓦以上的减供负荷 40%以上 60%以下，或 50%以上 70%以下供电用户停电；负荷 150 兆瓦以下的减供负荷 40%以上，或 50%以上供电用户停电。

上述分级标准有关数量的表述中，"以上"含本数，"以下"不含本数。

附件 2

国家大面积停电事件应急指挥部组成及工作组职责

国家大面积停电事件应急指挥部主要由发展改革委、中央宣传部（新闻办）、中央网信办、工业和信息化部、公安部、民政部、财政部、国土资源部、住房城乡建设部、交通运输部、水利部、商务部、国资委、新闻出版广电总局、安全监管总局、林业局、地震局、气象局、能源局、测绘地信局、铁路局、民航局、总参作战部、武警总部、中国铁路总公司、国家电网公司、中国南方电网有限责任公司等部门和单位组成，并可根据应对工作需要，增加有关地方人民政府、其他有关部门和相关电力企业。

国家大面积停电事件应急指挥部设立相应工作组，各工作组组成及职责分工如下：

一、电力恢复组：由发展改革委牵头，工业和信息化部、公安部、水利部、安全监管总局、林业局、地震局、气象局、能源局、测绘地信局、总参作战部、武警总部、国家电网公司、中国南方电网有限责任公司等参加，视情增加其他电力企业。

主要职责：组织进行技术研判，开展事态分析；组织电力抢修恢复工作，尽快恢复受影响区域供电工作；负责重要电力用户、重点区域的临时供电保障；负责组织跨区域的电力应急抢修恢复协调工作；协调军队、武警有关力量参与应对。

二、新闻宣传组：由中央宣传部（新闻办）牵头，中央网信办、发展改革委、工业和信息化部、公安部、新闻出版广电总局、安全监管总局、能源局等参加。

主要职责：组织开展事件进展、应急工作情况等权威信息发布，加强新闻宣传报道；收集分析国内外舆情和社会公众动态，加强媒体、电信和互联网管理，正确引导舆论；及时澄清不实信息，回应社会关切。

三、综合保障组：由发展改革委牵头，工业和信息化部、公安部、民政部、财政部、国土资源部、住房城乡建设部、交通运输部、水利部、商务部、国资委、新闻出版广电总局、能源局、铁路局、民航局、中国铁路总公司、国家电网公司、中国南方电网有限责任公司等参加，视情增加其他电力企业。

主要职责：对大面积停电事件受灾情况进行核实，指导恢复电力抢修方案，落实人员、资金和物资；组织做好应急救援装备物资及生产生活物资的紧急生产、储备调拨和紧急配送工作；及时组织调运重要生活必需品，保障群众基本生活和市场供应；维护供水、供气、供热、通信、广播电视等设施正常运行；维护铁路、道路、水路、民航等基本交通运行；组织开展事件处置评估。

四、社会稳定组：由公安部牵头，中央网信办、发展改革委、工业和信息化部、民政部、交通运输部、商务部、能源局、总参作战部、武警总部等参加。

主要职责：加强受影响地区社会治安管理，严厉打击借机传播谣言制造社会恐慌，以及趁机盗窃、抢劫、哄抢等违法犯罪行为；加强转移人员安置点、救灾物资存放点等重点地区治安管控；加强对重要生活必需品等商品的市场监管和调控，打击囤积居奇行为；加强对重点区域、重点单位的警戒；做好受影响人员与涉事单位、地方人民政府及有关部门矛盾纠纷化解等工作，切实维护社会稳定。

第9章

现场处置方案主要内容

9.1　事故风险分析

事故主要包括：

（1）事故类型；

（2）事故发生的区域、地点或装置的名称；

（3）事故发生的可能时间、事故的危害严重程度及其影响范围；

（4）事故前可能出现的征兆；

（5）事故可能引发的次生、衍生事故。

9.2　应急工作职责

根据现场工作岗位、组织形式及人员构成，明确各岗位人员的应急工作分工和职责。

9.3　应急处置

主要包括以下内容：

（1）事故应急处置程序。根据可能发生的事故及现场情况明确事故报警、各项应急措施启动、应急救护人员的引导、事故扩大及同生产经营单位应急预案的衔接的程序。

（2）现场应急处置措施。针对可能发生的火灾、爆炸、危险化学品泄漏、坍塌、水患、机动车辆伤害等，从人员救护、工艺操作、事故控制、消防、现场恢复等方面制定明确的应急处置措施。

（3）明确报警负责人以及报警电话及上级管理部门、相关应急救援单位联络方式和联系人员，事故报告基本要求和内容。

9.4　注意事项

主要包括：

（1）佩戴个人防护器具方面的注意事项；

（2）使用抢险救援器材方面的注意事项；

（3）采取救援对策或措施方面的注意事项；

（4）现场自救和互救注意事项；

（5）现场应急处置能力确认和人员安全防护等事项；

（6）应急救援结束后的注意事项；

（7）其他需要特别警示的事项。

附件：制度文件

中华人民共和国防震减灾法

第一章 总 则

第一条 为了防御和减轻地震灾害，保护人民生命和财产安全，促进经济社会的可持续发展，制定本法。

第二条 在中华人民共和国领域和中华人民共和国管辖的其他海域从事地震监测预报、地震灾害预防、地震应急救援、地震灾后过渡性安置和恢复重建等防震减灾活动，适用本法。

第三条 防震减灾工作，实行预防为主、防御与救助相结合的方针。

第四条 县级以上人民政府应当加强对防震减灾工作的领导，将防震减灾工作纳入本级国民经济和社会发展规划，所需经费列入财政预算。

第五条 在国务院的领导下，国务院地震工作主管部门和国务院经济综合宏观调控、建设、民政、卫生、公安以及其他有关部门，按照职责分工，各负其责，密切配合，共同做好防震减灾工作。

县级以上地方人民政府负责管理地震工作的部门或者机构和其他有关部门在本级人民政府领导下，按照职责分工，各负其责，密切配合，共同做好本行政区域的防震减灾工作。

第六条 国务院抗震救灾指挥机构负责统一领导、指挥和协调全国抗震救灾工作。县级以上地方人民政府抗震救灾指挥机构负责统一领导、指挥和协调本行政区域的抗震救灾工作。

国务院地震工作主管部门和县级以上地方人民政府负责管理地震工作的部门或者机构，承担本级人民政府抗震救灾指挥机构的日常工作。

第七条 各级人民政府应当组织开展防震减灾知识的宣传教育，增强公民的防震减灾意识，提高全社会的防震减灾能力。

第八条 任何单位和个人都有依法参加防震减灾活动的义务。

国家鼓励、引导社会组织和个人开展地震群测群防活动，对地震进行监测和预防。

国家鼓励、引导志愿者参加防震减灾活动。

第九条 中国人民解放军、中国人民武装警察部队和民兵组织，依照本法以及其他有关法律、行政法规、军事法规的规定和国务院、中央军事委员会的命令，执行抗震救灾任务，保护人民生命和财产安全。

第十条 从事防震减灾活动，应当遵守国家有关防震减灾标准。

第十一条 国家鼓励、支持防震减灾的科学技术研究，逐步提高防震减灾科学技术研究经费投入，推广先进的科学研究成果，加强国际合作与交流，提高防震减灾工作水平。

对在防震减灾工作中做出突出贡献的单位和个人，按照国家有关规定给予表彰和奖励。

第二章 防 震 减 灾 规 划

第十二条 国务院地震工作主管部门会同国务院有关部门组织编制国家防震减灾规划，报国务院批准后组织实施。

县级以上地方人民政府负责管理地震工作的部门或者机构会同同级有关部门，根据上一级防震减灾规划和本行政区域的实际情况，组织编制本行政区域的防震减灾规划，报本级人民政府批准后组织实施，并报上一级人民政府负责管理地震工作的部门或者机构备案。

第十三条 编制防震减灾规划，应当遵循统筹安排、突出重点、合理布局、全面预防的原则，以震情和震害预测结果为依据，并充分考虑人民生命和财产安全及经济社会发展、资源环境保护等需要。

县级以上地方人民政府有关部门应当根据编制防震减灾规划的需要，及时提供有关资料。

第十四条 防震减灾规划的内容应当包括：震情形势和防震减灾总体目标，地震监测台网建设布局，地震灾害预防措施，地震应急救援措施，以及防震减灾技术、信息、资金、物资等保障措施。

编制防震减灾规划，应当对地震重点监视防御区的地震监测台网建设、震情跟踪、地震灾害预防措施、地震应急准备、防震减灾知识宣传教育等作出具体安排。

第十五条 防震减灾规划报送审批前，组织编制机关应当征求有关部门、单位、专家和公众的意见。

防震减灾规划报送审批文件中应当附具意见采纳情况及理由。

第十六条 防震减灾规划一经批准公布，应当严格执行；因震情形势变化和经济社会发展的需要确需修改的，应当按照原审批程序报送审批。

第三章 地震监测预报

第十七条 国家加强地震监测预报工作，建立多学科地震监测系统，逐步提高地震监测预报水平。

第十八条 国家对地震监测台网实行统一规划，分级、分类管理。

国务院地震工作主管部门和县级以上地方人民政府负责管理地震工作的部门或者机构，按照国务院有关规定，制定地震监测台网规划。

全国地震监测台网由国家级地震监测台网、省级地震监测台网和市、县级地震监测台网组成，其建设资金和运行经费列入财政预算。

第十九条　水库、油田、核电站等重大建设工程的建设单位，应当按照国务院有关规定，建设专用地震监测台网或者强震动监测设施，其建设资金和运行经费由建设单位承担。

第二十条　地震监测台网的建设，应当遵守法律、法规和国家有关标准，保证建设质量。

第二十一条　地震监测台网不得擅自中止或者终止运行。

检测、传递、分析、处理、存储、报送地震监测信息的单位，应当保证地震监测信息的质量和安全。

县级以上地方人民政府应当组织相关单位为地震监测台网的运行提供通信、交通、电力等保障条件。

第二十二条　沿海县级以上地方人民政府负责管理地震工作的部门或者机构，应当加强海域地震活动监测预测工作。海域地震发生后，县级以上地方人民政府负责管理地震工作的部门或者机构，应当及时向海洋主管部门和当地海事管理机构等通报情况。

火山所在地的县级以上地方人民政府负责管理地震工作的部门或者机构，应当利用地震监测设施和技术手段，加强火山活动监测预测工作。

第二十三条　国家依法保护地震监测设施和地震观测环境。

任何单位和个人不得侵占、毁损、拆除或者擅自移动地震监测设施。地震监测设施遭到破坏的，县级以上地方人民政府负责管理地震工作的部门或者机构应当采取紧急措施组织修复，确保地震监测设施正常运行。

任何单位和个人不得危害地震观测环境。国务院地震工作主管部门和县级以上地方人民政府负责管理地震工作的部门或者机构会同同级有关部门，按照国务院有关规定划定地震观测环境保护范围，并纳入土地利用总体规划和城乡规划。

　　第二十四条　新建、扩建、改建建设工程，应当避免对地震监测设施和地震观测环境造成危害。建设国家重点工程，确实无法避免对地震监测设施和地震观测环境造成危害的，建设单位应当按照县级以上地方人民政府负责管理地震工作的部门或者机构的要求，增建抗干扰设施；不能增建抗干扰设施的，应当新建地震监测设施。

　　对地震观测环境保护范围内的建设工程项目，城乡规划主管部门在依法核发选址意见书时，应当征求负责管理地震工作的部门或者机构的意见；不需要核发选址意见书的，城乡规划主管部门在依法核发建设用地规划许可证或者乡村建设规划许可证时，应当征求负责管理地震工作的部门或者机构的意见。

　　第二十五条　国务院地震工作主管部门建立健全地震监测信息共享平台，为社会提供服务。

　　县级以上地方人民政府负责管理地震工作的部门或者机构，应当将地震监测信息及时报送上一级人民政府负责管理地震工作的部门或者机构。

　　专用地震监测台网和强震动监测设施的管理单位，应当将地震监测信息及时报送所在地省、自治区、直辖市人民政府负责管理地震工作的部门或者机构。

　　第二十六条　国务院地震工作主管部门和县级以上地方人民政府负责管理地震工作的部门或者机构，根据地震监测信息研究结果，对可能发生地震的地点、时间和震级作出预测。

　　其他单位和个人通过研究提出的地震预测意见，应当向所在地或者所预测地的县级以上地方人民政府负责管理地震工作的部门或者机构书面报告，或者直接向国务院地震工作主管部门书面报告。

收到书面报告的部门或者机构应当进行登记并出具接收凭证。

第二十七条 观测到可能与地震有关的异常现象的单位和个人，可以向所在地县级以上地方人民政府负责管理地震工作的部门或者机构报告，也可以直接向国务院地震工作主管部门报告。

国务院地震工作主管部门和县级以上地方人民政府负责管理地震工作的部门或者机构接到报告后，应当进行登记并及时组织调查核实。

第二十八条 国务院地震工作主管部门和省、自治区、直辖市人民政府负责管理地震工作的部门或者机构，应当组织召开震情会商会，必要时邀请有关部门、专家和其他有关人员参加，对地震预测意见和可能与地震有关的异常现象进行综合分析研究，形成震情会商意见，报本级人民政府；经震情会商形成地震预报意见的，在报本级人民政府前，应当进行评审，作出评审结果，并提出对策建议。

第二十九条 国家对地震预报意见实行统一发布制度。

全国范围内的地震长期和中期预报意见，由国务院发布。省、自治区、直辖市行政区域内的地震预报意见，由省、自治区、直辖市人民政府按照国务院规定的程序发布。

除发表本人或者本单位对长期、中期地震活动趋势的研究成果及进行相关学术交流外，任何单位和个人不得向社会散布地震预测意见。任何单位和个人不得向社会散布地震预报意见及其评审结果。

第三十条 国务院地震工作主管部门根据地震活动趋势和震害预测结果，提出确定地震重点监视防御区的意见，报国务院批准。

国务院地震工作主管部门应当加强地震重点监视防御区的震情跟踪，对地震活动趋势进行分析评估，提出年度防震减灾工作意见，报国务院批准后实施。

地震重点监视防御区的县级以上地方人民政府应当根据年度防震减灾工作意见和当地的地震活动趋势，组织有关部门加强防震减灾工作。

地震重点监视防御区的县级以上地方人民政府负责管理地震工作的部门或者机构，应当增加地震监测台网密度，组织做好震情跟踪、流动观测和可能与地震有关的异常现象观测以及群测群防工作，并及时将有关情况报上一级人民政府负责管理地震工作的部门或者机构。

第三十一条　国家支持全国地震烈度速报系统的建设。

地震灾害发生后，国务院地震工作主管部门应当通过全国地震烈度速报系统快速判断致灾程度，为指挥抗震救灾工作提供依据。

第三十二条　国务院地震工作主管部门和县级以上地方人民政府负责管理地震工作的部门或者机构，应当对发生地震灾害的区域加强地震监测，在地震现场设立流动观测点，根据震情的发展变化，及时对地震活动趋势作出分析、判定，为余震防范工作提供依据。

国务院地震工作主管部门和县级以上地方人民政府负责管理地震工作的部门或者机构、地震监测台网的管理单位，应当及时收集、保存有关地震的资料和信息，并建立完整的档案。

第三十三条　外国的组织或者个人在中华人民共和国领域和中华人民共和国管辖的其他海域从事地震监测活动，必须经国务院地震工作主管部门会同有关部门批准，并采取与中华人民共和国有关部门或者单位合作的形式进行。

第四章　地 震 灾 害 预 防

第三十四条　国务院地震工作主管部门负责制定全国地震烈度区划图或者地震动参数区划图。

国务院地震工作主管部门和省、自治区、直辖市人民政府负责管理地震工作的部门或者机构，负责审定建设工程的地震安全性评价报告，确定抗震设防要求。

第三十五条　新建、扩建、改建建设工程，应当达到抗震设防要求。

重大建设工程和可能发生严重次生灾害的建设工程，应当按照国务院有关规定进行地震安全性评价，并按照经审定的地震安全性评价报告所确定的抗震设防要求进行抗震设防。建设工程的地震安全性评价单位应当按照国家有关标准进行地震安全性评价，并对地震安全性评价报告的质量负责。

前款规定以外的建设工程，应当按照地震烈度区划图或者地震动参数区划图所确定的抗震设防要求进行抗震设防；对学校、医院等人员密集场所的建设工程，应当按照高于当地房屋建筑的抗震设防要求进行设计和施工，采取有效措施，增强抗震设防能力。

第三十六条　有关建设工程的强制性标准，应当与抗震设防要求相衔接。

第三十七条　国家鼓励城市人民政府组织制定地震小区划图。地震小区划图由国务院地震工作主管部门负责审定。

第三十八条　建设单位对建设工程的抗震设计、施工的全过程负责。

设计单位应当按照抗震设防要求和工程建设强制性标准进行抗震设计，并对抗震设计的质量以及出具的施工图设计文件的准确性负责。

施工单位应当按照施工图设计文件和工程建设强制性标准进行施工，并对施工质量负责。

建设单位、施工单位应当选用符合施工图设计文件和国家有关标准规定的材料、构配件和设备。

工程监理单位应当按照施工图设计文件和工程建设强制性标准实施监理，并对施工质量承担监理责任。

第三十九条　已经建成的下列建设工程，未采取抗震设防措施或者抗震设防措施未达到抗震设防要求的，应当按照国家有关规定进行抗震性能鉴定，并采取必要的抗震加固措施：

（一）重大建设工程；

（二）可能发生严重次生灾害的建设工程；

（三）具有重大历史、科学、艺术价值或者重要纪念意义的建设工程；

（四）学校、医院等人员密集场所的建设工程；

（五）地震重点监视防御区内的建设工程。

第四十条　县级以上地方人民政府应当加强对农村村民住宅和乡村公共设施抗震设防的管理，组织开展农村实用抗震技术的研究和开发，推广达到抗震设防要求、经济适用、具有当地特色的建筑设计和施工技术，培训相关技术人员，建设示范工程，逐步提高农村村民住宅和乡村公共设施的抗震设防水平。

国家对需要抗震设防的农村村民住宅和乡村公共设施给予必要支持。

第四十一条　城乡规划应当根据地震应急避难的需要，合理确定应急疏散通道和应急避难场所，统筹安排地震应急避难所必需的交通、供水、供电、排污等基础设施建设。

第四十二条　地震重点监视防御区的县级以上地方人民政府应当根据实际需要，在本级财政预算和物资储备中安排抗震救灾资金、物资。

第四十三条　国家鼓励、支持研究开发和推广使用符合抗震设防要求、经济实用的新技术、新工艺、新材料。

第四十四条 县级人民政府及其有关部门和乡、镇人民政府、城市街道办事处等基层组织，应当组织开展地震应急知识的宣传普及活动和必要的地震应急救援演练，提高公民在地震灾害中自救互救的能力。

机关、团体、企业、事业等单位，应当按照所在地人民政府的要求，结合各自实际情况，加强对本单位人员的地震应急知识宣传教育，开展地震应急救援演练。

学校应当进行地震应急知识教育，组织开展必要的地震应急救援演练，培养学生的安全意识和自救互救能力。

新闻媒体应当开展地震灾害预防和应急、自救互救知识的公益宣传。

国务院地震工作主管部门和县级以上地方人民政府负责管理地震工作的部门或者机构，应当指导、协助、督促有关单位做好防震减灾知识的宣传教育和地震应急救援演练等工作。

第四十五条 国家发展有财政支持的地震灾害保险事业，鼓励单位和个人参加地震灾害保险。

第五章 地 震 应 急 救 援

第四十六条 国务院地震工作主管部门会同国务院有关部门制定国家地震应急预案，报国务院批准。国务院有关部门根据国家地震应急预案，制定本部门的地震应急预案，报国务院地震工作主管部门备案。

县级以上地方人民政府及其有关部门和乡、镇人民政府，应当根据有关法律、法规、规章、上级人民政府及其有关部门的地震应急预案和本行政区域的实际情况，制定本行政区域的地震应急预案和本部门的地震应急预案。省、自治区、直辖市和较大的市的地震应急预案，应当报国务院地震工作主管部门备案。

交通、铁路、水利、电力、通信等基础设施和学校、医院等人员密集场所的经营管理单位，以及可能发生次生灾害的核电、矿山、危险物品等生产经营单位，应当制定地震应急预案，并报所在地的县级人民政府负责管理地震工作的部门或者机构备案。

第四十七条 地震应急预案的内容应当包括：组织指挥体系及其职责，预防和预警机制，处置程序，应急响应和应急保障措施等。

地震应急预案应当根据实际情况适时修订。

第四十八条 地震预报意见发布后，有关省、自治区、直辖市人民政府根据预报的震情可以宣布有关区域进入临震应急期；有关地方人民政府应当按照地震应急预案，组织有关部门做好应急防范和抗震救灾准备工作。

第四十九条 按照社会危害程度、影响范围等因素，地震灾害分为一般、较大、重大和特别重大四级。具体分级标准按照国务院规定执行。

一般或者较大地震灾害发生后，地震发生地的市、县人民政府负责组织有关部门启动地震应急预案；重大地震灾害发生后，地震发生地的省、自治区、直辖市人民政府负责组织有关部门启动地震应急预案；特别重大地震灾害发生后，国务院负责组织有关部门启动地震应急预案。

第五十条 地震灾害发生后，抗震救灾指挥机构应当立即组织有关部门和单位迅速查清受灾情况，提出地震应急救援力量的配置方案，并采取以下紧急措施：

（一）迅速组织抢救被压埋人员，并组织有关单位和人员开展自救互救；

（二）迅速组织实施紧急医疗救护，协调伤员转移和接收与救治；

（三）迅速组织抢修毁损的交通、铁路、水利、电力、通信等基础设施；

（四）启用应急避难场所或者设置临时避难场所，设置救济物资供应点，提供救济物品、简易住所和临时住所，及时转移和安置受灾群众，确保饮用水消毒和水质安全，积极开展卫生防疫，妥善安排受灾群众生活；

（五）迅速控制危险源，封锁危险场所，做好次生灾害的排查与监测预警工作，防范地震可能引发的火灾、水灾、爆炸、山体滑坡和崩塌、泥石流、地面塌陷，或者剧毒、强腐蚀性、放射性物质大量泄漏等次生灾害以及传染病疫情的发生；

（六）依法采取维持社会秩序、维护社会治安的必要措施。

第五十一条 特别重大地震灾害发生后，国务院抗震救灾指挥机构在地震灾区成立现场指挥机构，并根据需要设立相应的工作组，统一组织领导、指挥和协调抗震救灾工作。

各级人民政府及有关部门和单位、中国人民解放军、中国人民武装警察部队和民兵组织，应当按照统一部署，分工负责，密切配合，共同做好地震应急救援工作。

第五十二条 地震灾区的县级以上地方人民政府应当及时将地震震情和灾情等信息向上一级人民政府报告，必要时可以越级上报，不得迟报、谎报、瞒报。

地震震情、灾情和抗震救灾等信息按照国务院有关规定实行归口管理，统一、准确、及时发布。

第五十三条 国家鼓励、扶持地震应急救援新技术和装备的研究开发，调运和储备必要的应急救援设施、装备，提高应急救援水平。

第五十四条　国务院建立国家地震灾害紧急救援队伍。

省、自治区、直辖市人民政府和地震重点监视防御区的市、县人民政府可以根据实际需要，充分利用消防等现有队伍，按照一队多用、专职与兼职相结合的原则，建立地震灾害紧急救援队伍。

地震灾害紧急救援队伍应当配备相应的装备、器材，开展培训和演练，提高地震灾害紧急救援能力。

地震灾害紧急救援队伍在实施救援时，应当首先对倒塌建筑物、构筑物压埋人员进行紧急救援。

第五十五条　县级以上人民政府有关部门应当按照职责分工，协调配合，采取有效措施，保障地震灾害紧急救援队伍和医疗救治队伍快速、高效地开展地震灾害紧急救援活动。

第五十六条　县级以上地方人民政府及其有关部门可以建立地震灾害救援志愿者队伍，并组织开展地震应急救援知识培训和演练，使志愿者掌握必要的地震应急救援技能，增强地震灾害应急救援能力。

第五十七条　国务院地震工作主管部门会同有关部门和单位，组织协调外国救援队和医疗队在中华人民共和国开展地震灾害紧急救援活动。

国务院抗震救灾指挥机构负责外国救援队和医疗队的统筹调度，并根据其专业特长，科学、合理地安排紧急救援任务。

地震灾区的地方各级人民政府，应当对外国救援队和医疗队开展紧急救援活动予以支持和配合。

第六章　地震灾后过渡性安置和恢复重建

第五十八条　国务院或者地震灾区的省、自治区、直辖市人民政府应当及时组织对地震灾害损失进行调查评估，为地震应急救援、灾后过渡性安置和恢复重建提供依据。

地震灾害损失调查评估的具体工作，由国务院地震工作主管部门或者地震灾区的省、自治区、直辖市人民政府负责管理地震工作的部门或者机构和财政、建设、民政等有关部门按照国务院的规定承担。

第五十九条　地震灾区受灾群众需要过渡性安置的，应当根据地震灾区的实际情况，在确保安全的前提下，采取灵活多样的方式进行安置。

第六十条　过渡性安置点应当设置在交通条件便利、方便受灾群众恢复生产和生活的区域，并避开地震活动断层和可能发生严重次生灾害的区域。

过渡性安置点的规模应当适度，并采取相应的防灾、防疫措施，配套建设必要的基础设施和公共服务设施，确保受灾群众的安全和基本生活需要。

第六十一条　实施过渡性安置应当尽量保护农用地，并避免对自然保护区、饮用水水源保护区以及生态脆弱区域造成破坏。

过渡性安置用地按照临时用地安排，可以先行使用，事后依法办理有关用地手续；到期未转为永久性用地的，应当复垦后交还原土地使用者。

第六十二条　过渡性安置点所在地的县级人民政府，应当组织有关部门加强对次生灾害、饮用水水质、食品卫生、疫情等的监测，开展流行病学调查，整治环境卫生，避免对土壤、水环境等造成污染。

过渡性安置点所在地的公安机关，应当加强治安管理，依法打击各种违法犯罪行为，维护正常的社会秩序。

第六十三条　地震灾区的县级以上地方人民政府及其有关部门

和乡、镇人民政府，应当及时组织修复毁损的农业生产设施，提供农业生产技术指导，尽快恢复农业生产；优先恢复供电、供水、供气等企业的生产，并对大型骨干企业恢复生产提供支持，为全面恢复农业、工业、服务业生产经营提供条件。

第六十四条 各级人民政府应当加强对地震灾后恢复重建工作的领导、组织和协调。

县级以上人民政府有关部门应当在本级人民政府领导下，按照职责分工，密切配合，采取有效措施，共同做好地震灾后恢复重建工作。

第六十五条 国务院有关部门应当组织有关专家开展地震活动对相关建设工程破坏机理的调查评估，为修订完善有关建设工程的强制性标准、采取抗震设防措施提供科学依据。

第六十六条 特别重大地震灾害发生后，国务院经济综合宏观调控部门会同国务院有关部门与地震灾区的省、自治区、直辖市人民政府共同组织编制地震灾后恢复重建规划，报国务院批准后组织实施；重大、较大、一般地震灾害发生后，由地震灾区的省、自治区、直辖市人民政府根据实际需要组织编制地震灾后恢复重建规划。

地震灾害损失调查评估获得的地质、勘察、测绘、土地、气象、水文、环境等基础资料和经国务院地震工作主管部门复核的地震动参数区划图，应当作为编制地震灾后恢复重建规划的依据。

编制地震灾后恢复重建规划，应当征求有关部门、单位、专家和公众特别是地震灾区受灾群众的意见；重大事项应当组织有关专家进行专题论证。

第六十七条 地震灾后恢复重建规划应当根据地质条件和地震活动断层分布以及资源环境承载能力，重点对城镇和乡村的布局、基础设施和公共服务设施的建设、防灾减灾和生态环境以及自然资源和历史文化遗产保护等作出安排。

地震灾区内需要异地新建的城镇和乡村的选址以及地震灾后重建工程的选址，应当符合地震灾后恢复重建规划和抗震设防、防灾减灾要求，避开地震活动断层或者生态脆弱和可能发生洪水、山体滑坡和崩塌、泥石流、地面塌陷等灾害的区域以及传染病自然疫源地。

第六十八条　地震灾区的地方各级人民政府应当根据地震灾后恢复重建规划和当地经济社会发展水平，有计划、分步骤地组织实施地震灾后恢复重建。

第六十九条　地震灾区的县级以上地方人民政府应当组织有关部门和专家，根据地震灾害损失调查评估结果，制定清理保护方案，明确典型地震遗址、遗迹和文物保护单位以及具有历史价值与民族特色的建筑物、构筑物的保护范围和措施。

对地震灾害现场的清理，按照清理保护方案分区、分类进行，并依照法律、行政法规和国家有关规定，妥善清理、转运和处置有关放射性物质、危险废物和有毒化学品，开展防疫工作，防止传染病和重大动物疫情的发生。

第七十条　地震灾后恢复重建，应当统筹安排交通、铁路、水利、电力、通信、供水、供电等基础设施和市政公用设施，学校、医院、文化、商贸服务、防灾减灾、环境保护等公共服务设施，以及住房和无障碍设施的建设，合理确定建设规模和时序。

乡村的地震灾后恢复重建，应当尊重村民意愿，发挥村民自治组织的作用，以群众自建为主，政府补助、社会帮扶、对口支援，因地制宜，节约和集约利用土地，保护耕地。

少数民族聚居的地方的地震灾后恢复重建，应当尊重当地群众的意愿。

第七十一条 地震灾区的县级以上地方人民政府应当组织有关部门和单位，抢救、保护与收集整理有关档案、资料，对因地震灾害遗失、毁损的档案、资料，及时补充和恢复。

第七十二条 地震灾后恢复重建应当坚持政府主导、社会参与和市场运作相结合的原则。

地震灾区的地方各级人民政府应当组织受灾群众和企业开展生产自救，自力更生、艰苦奋斗、勤俭节约，尽快恢复生产。

国家对地震灾后恢复重建给予财政支持、税收优惠和金融扶持，并提供物资、技术和人力等支持。

第七十三条 地震灾区的地方各级人民政府应当组织做好救助、救治、康复、补偿、抚慰、抚恤、安置、心理援助、法律服务、公共文化服务等工作。

各级人民政府及有关部门应当做好受灾群众的就业工作，鼓励企业、事业单位优先吸纳符合条件的受灾群众就业。

第七十四条 对地震灾后恢复重建中需要办理行政审批手续的事项，有审批权的人民政府及有关部门应当按照方便群众、简化手续、提高效率的原则，依法及时予以办理。

第七章 监 督 管 理

第七十五条 县级以上人民政府依法加强对防震减灾规划和地震应急预案的编制与实施、地震应急避难场所的设置与管理、地震灾害紧急救援队伍的培训、防震减灾知识宣传教育和地震应急救援演练等工作的监督检查。

县级以上人民政府有关部门应当加强对地震应急救援、地震灾后过渡性安置和恢复重建的物资的质量安全的监督检查。

第七十六条 县级以上人民政府建设、交通、铁路、水利、电力、地震等有关部门应当按照职责分工，加强对工程建设强制性标准、抗震设防要求执行情况和地震安全性评价工作的监督检查。

第七十七条 禁止侵占、截留、挪用地震应急救援、地震灾后过渡性安置和恢复重建的资金、物资。

县级以上人民政府有关部门对地震应急救援、地震灾后过渡性安置和恢复重建的资金、物资以及社会捐赠款物的使用情况，依法加强管理和监督，予以公布，并对资金、物资的筹集、分配、拨付、使用情况登记造册，建立健全档案。

第七十八条 地震灾区的地方人民政府应当定期公布地震应急救援、地震灾后过渡性安置和恢复重建的资金、物资以及社会捐赠款物的来源、数量、发放和使用情况，接受社会监督。

第七十九条 审计机关应当加强对地震应急救援、地震灾后过渡性安置和恢复重建的资金、物资的筹集、分配、拨付、使用的审计，并及时公布审计结果。

第八十条 监察机关应当加强对参与防震减灾工作的国家行政机关和法律、法规授权的具有管理公共事务职能的组织及其工作人员的监察。

第八十一条 任何单位和个人对防震减灾活动中的违法行为，有权进行举报。

接到举报的人民政府或者有关部门应当进行调查，依法处理，并为举报人保密。

第八章　法　律　责　任

第八十二条 国务院地震工作主管部门、县级以上地方人民政府负责管理地震工作的部门或者机构，以及其他依照本法规定行使监督管理权的部门，不依法作出行政许可或者办理批准文件的，发现违法行为或者接到对违法行为的举报后不予查处的，或者有其他未依照本法规定履行职责的行为的，对直接负责的主管人员和其他直接责任人员，依法给予处分。

第八十三条　未按照法律、法规和国家有关标准进行地震监测台网建设的，由国务院地震工作主管部门或者县级以上地方人民政府负责管理地震工作的部门或者机构责令改正，采取相应的补救措施；对直接负责的主管人员和其他直接责任人员，依法给予处分。

第八十四条　违反本法规定，有下列行为之一的，由国务院地震工作主管部门或者县级以上地方人民政府负责管理地震工作的部门或者机构责令停止违法行为，恢复原状或者采取其他补救措施；造成损失的，依法承担赔偿责任：

（一）侵占、毁损、拆除或者擅自移动地震监测设施的；

（二）危害地震观测环境的；

（三）破坏典型地震遗址、遗迹的。

单位有前款所列违法行为，情节严重的，处二万元以上二十万元以下的罚款；个人有前款所列违法行为，情节严重的，处二千元以下的罚款。构成违反治安管理行为的，由公安机关依法给予处罚。

第八十五条　违反本法规定，未按照要求增建抗干扰设施或者新建地震监测设施的，由国务院地震工作主管部门或者县级以上地方人民政府负责管理地震工作的部门或者机构责令限期改正；逾期不改正的，处二万元以上二十万元以下的罚款；造成损失的，依法承担赔偿责任。

第八十六条　违反本法规定，外国的组织或者个人未经批准，在中华人民共和国领域和中华人民共和国管辖的其他海域从事地震监测活动的，由国务院地震工作主管部门责令停止违法行为，没收监测成果和监测设施，并处一万元以上十万元以下的罚款；情节严重的，并处十万元以上五十万元以下的罚款。

外国人有前款规定行为的，除依照前款规定处罚外，还应当依照外国人入境出境管理法律的规定缩短其在中华人民共和国停留的期限或者取消其在中华人民共和国居留的资格；情节严重的，限期出境或者驱逐出境。

第八十七条 未依法进行地震安全性评价，或者未按照地震安全性评价报告所确定的抗震设防要求进行抗震设防的，由国务院地震工作主管部门或者县级以上地方人民政府负责管理地震工作的部门或者机构责令限期改正；逾期不改正的，处三万元以上三十万元以下的罚款。

第八十八条 违反本法规定，向社会散布地震预测意见、地震预报意见及其评审结果，或者在地震灾后过渡性安置、地震灾后恢复重建中扰乱社会秩序，构成违反治安管理行为的，由公安机关依法给予处罚。

第八十九条 地震灾区的县级以上地方人民政府迟报、谎报、瞒报地震震情、灾情等信息的，由上级人民政府责令改正；对直接负责的主管人员和其他直接责任人员，依法给予处分。

第九十条 侵占、截留、挪用地震应急救援、地震灾后过渡性安置或者地震灾后恢复重建的资金、物资的，由财政部门、审计机关在各自职责范围内，责令改正，追回被侵占、截留、挪用的资金、物资；有违法所得的，没收违法所得；对单位给予警告或者通报批评；对直接负责的主管人员和其他直接责任人员，依法给予处分。

第九十一条 违反本法规定，构成犯罪的，依法追究刑事责任。

第九章 附 则

第九十二条 本法下列用语的含义：

（一）地震监测设施，是指用于地震信息检测、传输和处理的设备、仪器和装置以及配套的监测场地。

（二）地震观测环境，是指按照国家有关标准划定的保障地震监测设施不受干扰、能够正常发挥工作效能的空间范围。

（三）重大建设工程，是指对社会有重大价值或者有重大影响的工程。

（四）可能发生严重次生灾害的建设工程，是指受地震破坏后可能引发水灾、火灾、爆炸，或者剧毒、强腐蚀性、放射性物质大量泄漏，以及其他严重次生灾害的建设工程，包括水库大坝和储油、储气设施，储存易燃易爆或者剧毒、强腐蚀性、放射性物质的设施，以及其他可能发生严重次生灾害的建设工程。

（五）地震烈度区划图，是指以地震烈度（以等级表示的地震影响强弱程度）为指标，将全国划分为不同抗震设防要求区域的图件。

（六）地震动参数区划图，是指以地震动参数（以加速度表示地震作用强弱程度）为指标，将全国划分为不同抗震设防要求区域的图件。

（七）地震小区划图，是指根据某一区域的具体场地条件，对该区域的抗震设防要求进行详细划分的图件。

第九十三条 本法自 2009 年 5 月 1 日起施行。

突发公共卫生事件应急条例

中华人民共和国国务院令第 588 号

根据 2010 年 12 月 29 日国务院第 138 次常务会议通过的《国务院关于废止和修改部分行政法规的决定》修正，《突发公共卫生事件应急条例》中引用的"治安管理处罚条例"修改为"治安管理处罚法"，2011 年 1 月 8 日公布并实施。

第一章 总 则

第一条 为了有效预防、及时控制和消除突发公共卫生事件的危害，保障公众身体健康与生命安全，维护正常的社会秩序，制定本条例。

第二条 本条例所称突发公共卫生事件（以下简称突发事件），是指突然发生，造成或者可能造成社会公众健康严重损害的重大传染病疫情、群体性不明原因疾病、重大食物和职业中毒以及其他严重影响公众健康的事件。

第三条 突发事件发生后，国务院设立全国突发事件应急处理指挥部，由国务院有关部门和军队有关部门组成，国务院主管领导人担任总指挥，负责对全国突发事件应急处理的统一领导、统一指挥。

国务院卫生行政主管部门和其他有关部门，在各自的职责范围内做好突发事件应急处理的有关工作。

第四条 突发事件发生后，省、自治区、直辖市人民政府成立地方突发事件应急处理指挥部，省、自治区、直辖市人民政府主要领导人担任总指挥，负责领导、指挥本行政区域内突发事件应急处理工作。

县级以上地方人民政府卫生行政主管部门，具体负责组织突发事件的调查、控制和医疗救治工作。

县级以上地方人民政府有关部门，在各自的职责范围内做好突发事件应急处理的有关工作。

第五条 突发事件应急工作，应当遵循预防为主、常备不懈的方针，贯彻统一领导、分级负责、反应及时、措施果断、依靠科学、加强合作的原则。

第六条 县级以上各级人民政府应当组织开展防治突发事件相关科学研究，建立突发事件应急流行病学调查、传染源隔离、医疗救护、现场处置、监督检查、监测检验、卫生防护等有关物资、设备、设施、技术与人才资源储备，所需经费列入本级政府财政预算。

国家对边远贫困地区突发事件应急工作给予财政支持。

第七条 国家鼓励、支持开展突发事件监测、预警、反应处理有关技术的国际交流与合作。

第八条 国务院有关部门和县级以上地方人民政府及其有关部门，应当建立严格的突发事件防范和应急处理责任制，切实履行各自的职责，保证突发事件应急处理工作的正常进行。

第九条 县级以上各级人民政府及其卫生行政主管部门，应当对参加突发事件应急处理的医疗卫生人员，给予适当补助和保健津贴；对参加突发事件应急处理作出贡献的人员，给予表彰和奖励；对因参与应急处理工作致病、致残、死亡的人员，按照国家有关规定，给予相应的补助和抚恤。

第二章 预防与应急准备

第十条 国务院卫生行政主管部门按照分类指导、快速反应的要求，制定全国突发事件应急预案，报请国务院批准。

省、自治区、直辖市人民政府根据全国突发事件应急预案，结合本地实际情况，制定本行政区域的突发事件应急预案。

第十一条 全国突发事件应急预案应当包括以下主要内容：

（一）突发事件应急处理指挥部的组成和相关部门的职责；

（二）突发事件的监测与预警；

（三）突发事件信息的收集、分析、报告、通报制度；

（四）突发事件应急处理技术和监测机构及其任务；

（五）突发事件的分级和应急处理工作方案；

（六）突发事件预防、现场控制，应急设施、设备、救治药品和医疗器械以及其他物资和技术的储备与调度；

（七）突发事件应急处理专业队伍的建设和培训。

第十二条 突发事件应急预案应当根据突发事件的变化和实施中发现的问题及时进行修订、补充。

第十三条 地方各级人民政府应当依照法律、行政法规的规定，做好传染病预防和其他公共卫生工作，防范突发事件的发生。

县级以上各级人民政府卫生行政主管部门和其他有关部门，应当对公众开展突发事件应急知识的专门教育，增强全社会对突发事件的防范意识和应对能力。

第十四条 国家建立统一的突发事件预防控制体系。

县级以上地方人民政府应当建立和完善突发事件监测与预警系统。

县级以上各级人民政府卫生行政主管部门，应当指定机构负责开展突发事件的日常监测，并确保监测与预警系统的正常运行。

第十五条 监测与预警工作应当根据突发事件的类别，制定监测计划，科学分析、综合评价监测数据。对早期发现的潜在隐患以及可能发生的突发事件，应当依照本条例规定的报告程序和时限及时报告。

第十六条 国务院有关部门和县级以上地方人民政府及其有关部门，应当根据突发事件应急预案的要求，保证应急设施、设备、救治药品和医疗器械等物资储备。

第十七条 县级以上各级人民政府应当加强急救医疗服务网络的建设，配备相应的医疗救治药物、技术、设备和人员，提高医疗卫生机构应对各类突发事件的救治能力。

设区的市级以上地方人民政府应当设置与传染病防治工作需要相适应的传染病专科医院，或者指定具备传染病防治条件和能力的医疗机构承担传染病防治任务。

第十八条 县级以上地方人民政府卫生行政主管部门，应当定期对医疗卫生机构和人员开展突发事件应急处理相关知识、技能的培训，定期组织医疗卫生机构进行突发事件应急演练，推广最新知识和先进技术。

第三章 报告与信息发布

第十九条 国家建立突发事件应急报告制度。

国务院卫生行政主管部门制定突发事件应急报告规范，建立重大、紧急疫情信息报告系统。

有下列情形之一的，省、自治区、直辖市人民政府应当在接到报告1小时内，向国务院卫生行政主管部门报告：

（一）发生或者可能发生传染病暴发、流行的；

（二）发生或者发现不明原因的群体性疾病的；

（三）发生传染病菌种、毒种丢失的；

（四）发生或者可能发生重大食物和职业中毒事件的。

国务院卫生行政主管部门对可能造成重大社会影响的突发事件，应当立即向国务院报告。

第二十条　突发事件监测机构、医疗卫生机构和有关单位发现有本条例第十九条规定情形之一的，应当在 2h 内向所在地县级人民政府卫生行政主管部门报告；接到报告的卫生行政主管部门应当在 2h 内向本级人民政府报告，并同时向上级人民政府卫生行政主管部门和国务院卫生行政主管部门报告。

县级人民政府应当在接到报告后 2h 内向设区的市级人民政府或者上一级人民政府报告；设区的市级人民政府应当在接到报告后 2h 内向省、自治区、直辖市人民政府报告。

第二十一条　任何单位和个人对突发事件，不得隐瞒、缓报、谎报或者授意他人隐瞒、缓报、谎报。

第二十二条　接到报告的地方人民政府、卫生行政主管部门依照本条例规定报告的同时，应当立即组织力量对报告事项调查核实、确证，采取必要的控制措施，并及时报告调查情况。

第二十三条　国务院卫生行政主管部门应当根据发生突发事件的情况，及时向国务院有关部门和各省、自治区、直辖市人民政府卫生行政主管部门以及军队有关部门通报。

突发事件发生地的省、自治区、直辖市人民政府卫生行政主管部门，应当及时向毗邻省、自治区、直辖市人民政府卫生行政主管部门通报。

接到通报的省、自治区、直辖市人民政府卫生行政主管部门，必要时应当及时通知本行政区域内的医疗卫生机构。

县级以上地方人民政府有关部门，已经发生或者发现可能引起突发事件的情形时，应当及时向同级人民政府卫生行政主管部门通报。

第二十四条　国家建立突发事件举报制度，公布统一的突发事件报告、举报电话。

任何单位和个人有权向人民政府及其有关部门报告突发事件隐患，有权向上级人民政府及其有关部门举报地方人民政府及其有关部门不履行突发事件应急处理职责，或者不按照规定履行职责的情况。接到报告、举报的有关人民政府及其有关部门，应当立即组织对突发事件隐患、不履行或者不按照规定履行突发事件应急处理职责的情况进行调查处理。

对举报突发事件有功的单位和个人，县级以上各级人民政府及其有关部门应当予以奖励。

第二十五条 国家建立突发事件的信息发布制度。

国务院卫生行政主管部门负责向社会发布突发事件的信息。必要时，可以授权省、自治区、直辖市人民政府卫生行政主管部门向社会发布本行政区域内突发事件的信息。

信息发布应当及时、准确、全面。

第四章 应 急 处 理

第二十六条 突发事件发生后，卫生行政主管部门应当组织专家对突发事件进行综合评估，初步判断突发事件的类型，提出是否启动突发事件应急预案的建议。

第二十七条 在全国范围内或者跨省、自治区、直辖市范围内启动全国突发事件应急预案，由国务院卫生行政主管部门报国务院批准后实施。省、自治区、直辖市启动突发事件应急预案，由省、自治区、直辖市人民政府决定，并向国务院报告。

第二十八条 全国突发事件应急处理指挥部对突发事件应急处理工作进行督察和指导，地方各级人民政府及其有关部门应当予以配合。

省、自治区、直辖市突发事件应急处理指挥部对本行政区域内突发事件应急处理工作进行督察和指导。

第二十九条　省级以上人民政府卫生行政主管部门或者其他有关部门指定的突发事件应急处理专业技术机构，负责突发事件的技术调查、确证、处置、控制和评价工作。

第三十条　国务院卫生行政主管部门对新发现的突发传染病，根据危害程度、流行强度，依照《中华人民共和国传染病防治法》的规定及时宣布为法定传染病；宣布为甲类传染病的，由国务院决定。

第三十一条　应急预案启动前，县级以上各级人民政府有关部门应当根据突发事件的实际情况，做好应急处理准备，采取必要的应急措施。

应急预案启动后，突发事件发生地的人民政府有关部门，应当根据预案规定的职责要求，服从突发事件应急处理指挥部的统一指挥，立即到达规定岗位，采取有关的控制措施。

医疗卫生机构、监测机构和科学研究机构，应当服从突发事件应急处理指挥部的统一指挥，相互配合、协作，集中力量开展相关的科学研究工作。

第三十二条　突发事件发生后，国务院有关部门和县级以上地方人民政府及其有关部门，应当保证突发事件应急处理所需的医疗救护设备、救治药品、医疗器械等物资的生产、供应；铁路、交通、民用航空行政主管部门应当保证及时运送。

第三十三条　根据突发事件应急处理的需要，突发事件应急处理指挥部有权紧急调集人员、储备的物资、交通工具以及相关设施、设备；必要时，对人员进行疏散或者隔离，并可以依法对传染病疫区实行封锁。

第三十四条　突发事件应急处理指挥部根据突发事件应急处理的需要，可以对食物和水源采取控制措施。

县级以上地方人民政府卫生行政主管部门应当对突发事件现场等采取控制措施，宣传突发事件防治知识，及时对易受感染的人群和其他易受损害的人群采取应急接种、预防性投药、群体防护等措施。

第三十五条　参加突发事件应急处理的工作人员，应当按照预案的规定，采取卫生防护措施，并在专业人员的指导下进行工作。

第三十六条　国务院卫生行政主管部门或者其他有关部门指定的专业技术机构，有权进入突发事件现场进行调查、采样、技术分析和检验，对地方突发事件的应急处理工作进行技术指导，有关单位和个人应当予以配合；任何单位和个人不得以任何理由予以拒绝。

第三十七条　对新发现的突发传染病、不明原因的群体性疾病、重大食物和职业中毒事件，国务院卫生行政主管部门应当尽快组织力量制定相关的技术标准、规范和控制措施。

第三十八条　交通工具上发现根据国务院卫生行政主管部门的规定需要采取应急控制措施的传染病病人、疑似传染病病人，其负责人应当以最快的方式通知前方停靠点，并向交通工具的营运单位报告。交通工具的前方停靠点和营运单位应当立即向交通工具营运单位行政主管部门和县级以上地方人民政府卫生行政主管部门报告。卫生行政主管部门接到报告后，应当立即组织有关人员采取相应的医学处置措施。

交通工具上的传染病病人密切接触者，由交通工具停靠点的县级以上各级人民政府卫生行政主管部门或者铁路、交通、民用航空行政主管部门，根据各自的职责，依照传染病防治法律、行政法规的规定，采取控制措施。

涉及国境口岸和入出境的人员、交通工具、货物、集装箱、行李、邮包等需要采取传染病应急控制措施的，依照国境卫生检疫法律、行政法规的规定办理。

第三十九条　医疗卫生机构应当对因突发事件致病的人员提供医疗救护和现场救援，对就诊病人必须接诊治疗，并书写详细、完整的病历记录；对需要转送的病人，应当按照规定将病人及其病历记录的复印件转送至接诊的或者指定的医疗机构。

医疗卫生机构内应当采取卫生防护措施，防止交叉感染和污染。

医疗卫生机构应当对传染病病人密切接触者采取医学观察措施，传染病病人密切接触者应当予以配合。

医疗机构收治传染病病人、疑似传染病病人，应当依法报告所在地的疾病预防控制机构。接到报告的疾病预防控制机构应当立即对可能受到危害的人员进行调查，根据需要采取必要的控制措施。

第四十条　传染病暴发、流行时，街道、乡镇以及居民委员会、村民委员会应当组织力量，团结协作，群防群治，协助卫生行政主管部门和其他有关部门、医疗卫生机构做好疫情信息的收集和报告、人员的分散隔离、公共卫生措施的落实工作，向居民、村民宣传传染病防治的相关知识。

第四十一条　对传染病暴发、流行区域内流动人口，突发事件发生地的县级以上地方人民政府应当做好预防工作，落实有关卫生控制措施；对传染病病人和疑似传染病病人，应当采取就地隔离、就地观察、就地治疗的措施。对需要治疗和转诊的，应当依照本条例第三十九条第一款的规定执行。

第四十二条　有关部门、医疗卫生机构应当对传染病做到早发现、早报告、早隔离、早治疗，切断传播途径，防止扩散。

第四十三条　县级以上各级人民政府应当提供必要资金，保障因突发事件致病、致残的人员得到及时、有效的救治。具体办法由国务院财政部门、卫生行政主管部门和劳动保障行政主管部门制定。

第四十四条　在突发事件中需要接受隔离治疗、医学观察措施的病人、疑似病人和传染病病人密切接触者在卫生行政主管部门或者有关机构采取医学措施时应当予以配合；拒绝配合的，由公安机关依法协助强制执行。

第五章　法　律　责　任

第四十五条　县级以上地方人民政府及其卫生行政主管部门未依照本条例的规定履行报告职责，对突发事件隐瞒、缓报、谎报或者授意他人隐瞒、缓报、谎报的，对政府主要领导人及其卫生行政主管部门主要负责人，依法给予降级或者撤职的行政处分；造成传染病传播、流行或者对社会公众健康造成其他严重危害后果的，依法给予开除的行政处分；构成犯罪的，依法追究刑事责任。

第四十六条　国务院有关部门、县级以上地方人民政府及其有关部门未依照本条例的规定，完成突发事件应急处理所需要的设施、设备、药品和医疗器械等物资的生产、供应、运输和储备的，对政府主要领导人和政府部门主要负责人依法给予降级或者撤职的行政处分；造成传染病传播、流行或者对社会公众健康造成其他严重危害后果的，依法给予开除的行政处分；构成犯罪的，依法追究刑事责任。

第四十七条　突发事件发生后，县级以上地方人民政府及其有关部门对上级人民政府有关部门的调查不予配合，或者采取其他方式阻碍、干涉调查的，对政府主要领导人和政府部门主要负责人依法给予降级或者撤职的行政处分；构成犯罪的，依法追究刑事责任。

第四十八条　县级以上各级人民政府卫生行政主管部门和其他

有关部门在突发事件调查、控制、医疗救治工作中玩忽职守、失职、渎职的，由本级人民政府或者上级人民政府有关部门责令改正、通报批评、给予警告；对主要负责人、负有责任的主管人员和其他责任人员依法给予降级、撤职的行政处分；造成传染病传播、流行或者对社会公众健康造成其他严重危害后果的，依法给予开除的行政处分；构成犯罪的，依法追究刑事责任。

第四十九条 县级以上各级人民政府有关部门拒不履行应急处理职责的，由同级人民政府或者上级人民政府有关部门责令改正、通报批评、给予警告；对主要负责人、负有责任的主管人员和其他责任人员依法给予降级、撤职的行政处分；造成传染病传播、流行或者对社会公众健康造成其他严重危害后果的，依法给予开除的行政处分；构成犯罪的，依法追究刑事责任。

第五十条 医疗卫生机构有下列行为之一的，由卫生行政主管部门责令改正、通报批评、给予警告；情节严重的，吊销《医疗机构执业许可证》；对主要负责人、负有责任的主管人员和其他直接责任人员依法给予降级或者撤职的纪律处分；造成传染病传播、流行或者对社会公众健康造成其他严重危害后果，构成犯罪的，依法追究刑事责任：

（一）未依照本条例的规定履行报告职责，隐瞒、缓报或者谎报的；

（二）未依照本条例的规定及时采取控制措施的；

（三）未依照本条例的规定履行突发事件监测职责的；

（四）拒绝接诊病人的；

（五）拒不服从突发事件应急处理指挥部调度的。

第五十一条 在突发事件应急处理工作中，有关单位和个人未依照本条例的规定履行报告职责，隐瞒、缓报或者谎报，阻碍突发事件应急处理工作人员执行职务，拒绝国务院卫生行政主管部门或者其他有关部门指定的专业技术机构进入突发事件现场，或者不配合调查、采样、技术分析和检验的，对有关责任人员依法给予行政处分或者纪律处分；触犯《中华人民共和国治安管理处罚法》，构成违反治安管理行为的，由公安机关依法予以处罚；构成犯罪的，依法追究刑事责任。

第五十二条　在突发事件发生期间，散布谣言、哄抬物价、欺骗消费者，扰乱社会秩序、市场秩序的，由公安机关或者工商行政管理部门依法给予行政处罚；构成犯罪的，依法追究刑事责任。

第六章　附　　则

第五十三条　中国人民解放军、武装警察部队医疗卫生机构参与突发事件应急处理的，依照本条例的规定和军队的相关规定执行。

第五十四条　本条例自公布之日起施行。